栄養科学シリーズ NEXT
Nutrition, Exercise, Rest

食べ物と健康, 食品と衛生
食品加工・保蔵学

海老原 清・渡邊浩幸・竹内弘幸／編

講談社

シリーズ総編集

木戸	康博	京都府立大学 名誉教授
宮本	賢一	龍谷大学農学部食品栄養学科 教授

シリーズ編集委員

河田	光博	京都府立医科大学 名誉教授
桑波田	雅士	京都府立大学大学院生命環境科学研究科 教授
郡	俊之	甲南女子大学医療栄養学部 教授
塚原	丘美	名古屋学芸大学管理栄養学部 教授
渡邊	浩幸	高知県立大学健康栄養学部 教授

執筆者一覧

朝賀	昌志	元東洋食品工業短期大学包装食品工学科 准教授（16.1～16.4）
有原	圭三	北里大学獣医学部動物資源科学科 教授（9）
石丸	恵	近畿大学生物理工学部食品安全工学科 教授（6，10）
衛藤	大青	別府大学短期大学部食物栄養科 准教授（12.2，12.3）
海老原	清＊	愛媛大学 名誉教授（5.1～5.5）
柏木	丈拡	高知大学農林海洋科学部農芸化学科 教授（11.4，11.5）
古場	一哲	長崎県立大学看護栄養学部栄養健康学科 教授（2）
齋藤	洋昭	帝塚山学院大学食環境学部管理栄養学科 教授（13）
坂井	良輔	元北陸学院大学健康科学部栄養学科 教授（12.1）
佐々木	梓沙	京都府立大学農学食科学部栄養科学科 助手（17）
佐藤	健司	京都大学大学院農学研究科 教授（4.1～4.12）
関川	三男	元帯広畜産大学 教授（1）
竹内	弘幸＊	富山短期大学食物栄養学科 教授（14）
武田	秀敏	今治明徳短期大学ライフデザイン学科 教授（4.13）
塚正	泰之	近畿大学 名誉教授（7，8，15）
中村	考志	京都府立大学農学食科学部和食文化科学科 教授（17）
向井	友花	神奈川県立保健福祉大学保健福祉学部栄養学科 教授（3）
吉村	美紀	兵庫県立大学環境人間学部環境人間学科 教授（11.1～11.3）
渡邊	浩幸＊	高知県立大学健康栄養学部健康栄養学科 教授（5.6，16.5～16.6）

（五十音順，＊印は編者，かっこ内は担当章・節）

まえがき

　本書『食べ物と健康，食品と衛生　食品加工・保蔵学』は，栄養科学シリーズNEXTの『食品加工学』（1999年刊行），その改題改訂版『食品保蔵・加工学　食べ物と健康』（2008年刊行）の更なる改題改訂版である．

　食料の安定確保，食料供給のグローバル化，加工食品への依存度の高まり，食の国際規格化の取り組み，日本食品標準成分表の改訂，食品表示法の施行など，食を取り巻く環境は近年大きく変化している．

　改訂にあたり，記載事項を単に更新・整理するのではなく，個々の学習内容の理解がより深まるように大幅に書き改め，適切な図表を多く採用し，食品表示法，食品表示基準への準拠，HACCPの記載などを加えてより充実を図り，食品の加工や保蔵について体系的・効率的に学べるようにした．

　食品成分は質的・量的に加工，保蔵によって影響されるので，食品からヒトに供給される栄養素も質的・量的な影響を受ける．「栄養と食の専門職として，科学と専門的応用技術に基づく『栄養の指導』によって，人びとの健康を守り，向上させる」ことを使命とする管理栄養士・栄養士にとって，食品の加工および保蔵の過程で生じる食品成分の質的・量的変化について学び，理解を深めることは重要である．

　本書は，管理栄養士・栄養士を目指す学生だけでなく，「食品衛生管理者」「食品衛生監視員」を目指す学生にも対応した内容になっている．

　本書を刊行するにあたり，編集方針をご理解いただき，ご多忙の中，ご執筆くださいました各位にこの場を借りて厚くお礼申し上げます．

　最後に，本書の企画，編集，刊行に際し，講談社サイエンティフィク神尾朋美氏をはじめ，スタッフの方々に大変お世話になりました．ここに厚くお礼申し上げます．

　　2017年6月

編者　海老原　清
渡邊　浩幸
竹内　弘幸

栄養科学シリーズNEXT
新期刊行にあたって

　「栄養科学シリーズNEXT」は，"栄養Nutrition・運動Exercise・休養Rest"を柱に，1998年から刊行を開始したテキストシリーズです．2002年の管理栄養士・栄養士の新カリキュラムに対応し，新しい科目にも対応すべく，書目の充実を図ってきました．新カリキュラムの教育目標を達成するための内容を盛り込み，他の専門家と協同してあらゆる場面で健康を担う食生活・栄養の専門職の養成を目指す内容となっています．一方，2009年，特定非営利活動法人日本栄養改善学会により，管理栄養士が備えるべき能力に関して「管理栄養士養成課程におけるモデルコアカリキュラム」が策定されました．本シリーズではこれにも準拠するべく改訂を重ねています．

　この度，NEXT草創期のシリーズ総編集である中坊幸弘先生，山本茂先生，およびシリーズ編集委員である海老原清先生，加藤秀夫先生，小松龍史先生，武田英二先生，辻英明先生の意思を引き継いだ新体制により，時代のニーズと栄養学の本質を礎にして，改めて，次のような編集方針でシリーズを刊行していくこととしました．

・各巻ごとの内容は，シリーズ全体を通してバランスを取るように心がける
・記述は単なる事実の羅列にとどまることなく，ストーリー性をもたせ，学問分野の流れを重視して，理解しやすくする
・レベルを落とすことなく，できるだけ平易にわかりやすく記述する
・図表はできるだけオリジナルなものを用い，視覚からの内容把握を重視する
・4色フルカラー化で，より学生にわかりやすい紙面を提供する
・管理栄養士国家試験出題基準（ガイドライン）にも考慮した内容とする
・管理栄養士，栄養士のそれぞれの在り方を考え，各書目の充実を図る

　栄養学の進歩は著しく，管理栄養士，栄養士の活躍の場所も益々グローバル化すると予想されます．最新の栄養学の専門知識に加え，管理栄養士資格の国際基準化，他職種の理解と連携など，新しい側面で栄養学を理解することが必要です．本書で学ばれた学生達が，新しい時代を担う管理栄養士，栄養士として活躍されることを願っています．

シリーズ総編集　　木戸　康博
　　　　　　　　　宮本　賢一

食べ物と健康，食品と衛生 **食品加工・保蔵学** ── 目次

第1編　食品の加工と保蔵

1. 食品加工・保蔵の意義と目的 ……………………………………… 2
1.1　食品加工・保蔵に求められるもの ……………………………… 3
1.2　食品の加工・保蔵とは …………………………………………… 4

2. 食品の変化・変質 …………………………………………………… 6
2.1　変化の要因 ………………………………………………………… 6
　A.　水分活性（A_w） ………………………………………………… 6
　B.　pH（水素イオン指数） …………………………………………… 8
　C.　温度 ………………………………………………………………… 8
　D.　酸素 ………………………………………………………………… 10
　E.　光 …………………………………………………………………… 10
2.2　食品成分の反応 …………………………………………………… 10
　A.　非酵素的褐変 ……………………………………………………… 10
　B.　タンパク質の変性 ………………………………………………… 12
　C.　脂質の変化（自動酸化） ………………………………………… 13
　D.　デンプンの老化 …………………………………………………… 14
　E.　ビタミン類の損失 ………………………………………………… 15
2.3　酵素による変化 …………………………………………………… 15
　A.　酵素的褐変 ………………………………………………………… 16
　B.　酵素的酸化 ………………………………………………………… 16
2.4　低温障害 …………………………………………………………… 17
2.5　微生物による変質 ………………………………………………… 17

3. 食品保蔵の方法 ……………………………………………………… 19
3.1　低温を利用した保蔵 ……………………………………………… 19
　A.　冷蔵 ………………………………………………………………… 19
　B.　冷凍 ………………………………………………………………… 20
3.2　水分活性の低下を利用した保蔵 ………………………………… 22
3.3　酸・アルカリを利用した保蔵 …………………………………… 22
3.4　生物機能の調節を利用した保蔵 ………………………………… 23
　A.　呼吸および蒸散の制御 …………………………………………… 23
　B.　温度の調節 ………………………………………………………… 24
　C.　酵素の失活 ………………………………………………………… 24
3.5　燻煙 ………………………………………………………………… 24
3.6　塩蔵，糖蔵 ………………………………………………………… 25

3.7	放射線を利用した保蔵	25
3.8	食品添加物を利用した保蔵	25

4. 食品加工の方法と原理，技術　28

4.1	前処理	28
	A. 選別	28
	B. 洗浄	29
4.2	機械的な外力による加工	30
	A. 剥皮	30
	B. 切断	30
	C. 粉砕	30
	D. 混合，混捏	31
	E. 造粒	31
4.3	分離，濃縮	31
4.4	溶解，抽出	33
4.5	凝固，沈殿，ゲル化	33
4.6	加熱，乾燥	34
4.7	酸・アルカリ処理	35
4.8	酸化，還元	35
4.9	乳化	36
4.10	食品添加物の利用	36
4.11	酵素の利用	36
4.12	微生物の利用	38
4.13	加工技術	39
	A. エクストルーダーの利用	39
	B. 膜の利用	40
	C. 超臨界ガスの利用	42
	D. 超高圧の利用	42
	E. 近赤外線の利用	43

5. 食品の調理・加工に伴う食品成分の変化　45

5.1	食感の変化	45
5.2	色の変化	45
5.3	味の変化	47
5.4	ビタミン量の変化	48
5.5	ミネラル量の変化	48
5.6	冷凍による食品成分の変化	49
	A. 組織の乾燥による酸化	49
	B. タンパク質の変性による変化	50

6. 流通における保蔵と食品成分　51

6.1	食品流通の概略	51

6.2　流通における各種食品の食品・栄養成分変化 ……………………… 52
　　　A.　米の流通と成分変化 ……………………………………………… 52
　　　B.　青果物の流通と成分変化 ………………………………………… 52
　　　C.　魚介類の流通と成分変化 ………………………………………… 53

7. 食品の包装 …………………………………………………………… 54
7.1　包装に関係する法律 …………………………………………………… 54
7.2　包装の目的 ……………………………………………………………… 55
7.3　包装材料に求められる機能 …………………………………………… 55
7.4　包装材料の種類と特性（プラスチック以外） ……………………… 56
　　　A.　紙 …………………………………………………………………… 56
　　　B.　セロハン …………………………………………………………… 57
　　　C.　金属 ………………………………………………………………… 57
　　　D.　ガラス ……………………………………………………………… 57
　　　E.　可食性包材 ………………………………………………………… 58
7.5　プラスチック包装材料の種類と特性 ………………………………… 58
7.6　包装材料によって異なる包装方法 …………………………………… 62
7.7　包装による栄養成分変化 ……………………………………………… 63
7.8　品質を保持するための包装技術 ……………………………………… 63
　　　A.　無菌充填包装 ……………………………………………………… 63
　　　B.　真空包装，ガス置換包装 ………………………………………… 63
　　　C.　脱酸素剤封入包装 ………………………………………………… 64
7.9　包装は環境への配慮が必要 …………………………………………… 64
　　　A.　容器包装に係る分別収集及び再商品化の促進等に関する法律
　　　　　（容器包装リサイクル法） ………………………………………… 64
　　　B.　プラスチック包材と環境問題 …………………………………… 65

8. 加工食品の規格・基準と食品表示基準 ……………………… 66
8.1　加工食品の規格・基準 ………………………………………………… 68
　　　A.　食品衛生法（厚生労働省） ……………………………………… 68
　　　B.　日本農林規格等に関する法律（JAS 法，農林水産省） ……… 68
　　　C.　器具・容器包装の安全性の規格基準 …………………………… 69
　　　D.　食品の国際規格（CODEX，コーデックス） ………………… 70
8.2　加工食品の表示 ………………………………………………………… 70
　　　A.　食品表示基準による表示 ………………………………………… 70
　　　B.　栄養や健康に関する表示 ………………………………………… 75
　　　C.　その他の表示にかかわる法律 …………………………………… 80

9. 食品加工における HACCP ……………………………………… 82
9.1　加工食品の安全性と品質管理 ………………………………………… 82
　　　A.　食品に対する安全と安心 ………………………………………… 82
　　　B.　品質管理方法 ……………………………………………………… 83
9.2　HACCP のもとになる活動・手順 …………………………………… 84

		A. 食品衛生新5S	84
		B. SSOP	84
	9.3	HACCP方式による食品衛生管理	85
		A. HACCPによる品質管理	85
		B. HACCP導入のための12手順	85
	9.4	総合衛生管理製造過程と地域HACCP	86

第2編　**おもな加工食品**

10. 生産条件と食品成分 … 88

10.1	地域	88
	A. 栽培地域の広域化	89
	B. 地域による特性	89
10.2	季節	90
	A. 野菜の成分変動	90
	B. 果実の成分変動	90
10.3	栽培条件	91
	A. 野菜の栽培条件と栄養成分	91
	B. 果実の栽培条件と栄養成分	92

11. 農産加工食品 … 94

11.1	穀類製品	94
	A. 米の加工	94
	B. 小麦の加工	96
	C. トウモロコシの加工	99
11.2	豆類製品	99
	A. 大豆の加工	99
	B. アズキの加工	101
11.3	いも類製品	102
	A. ジャガイモ	102
	B. サツマイモ	102
	C. コンニャクイモ	102
11.4	野菜・果実類製品	103
	A. 野菜	103
	B. 果実	106
11.5	キノコ類製品	110

12. 畜産加工食品 … 111

12.1	肉製品	111
	A. 食肉となる動物	111
	B. 食肉の生産と加工食品	114
12.2	乳製品	117
	A. 牛乳（市乳），加工乳，乳飲料	117

		B. クリーム	119
		C. バター	119
		D. チーズ	120
		E. 発酵乳, 乳酸菌飲料	121
		F. 濃縮乳, 練乳	123
		G. 粉乳	123
		H. アイスクリーム	123
		I. 牛乳の副産物	124
	12.3	卵製品	124
		A. 卵の品質と規格, 保蔵	125
		B. 加工卵	126
		C. 卵を利用した製品	126
		D. その他の利用方法	127

13. 水産加工食品 … 128

	13.1	水産物の加工・利用原料	128
		A. 魚類	128
		B. 軟体動物	128
		C. 甲殻類(節足動物)	128
		D. その他(棘皮動物, 腔腸動物, 脊索動物, 植物)	128
	13.2	水産物の冷蔵, 冷凍	129
		A. 前処理	129
		B. 冷蔵	129
		C. 冷凍	129
	13.3	水産物の乾燥品	130
		A. 素干し	130
		B. 塩干し	130
		C. 煮干し	131
		D. 焼干し	131
		E. 節類	132
		F. 燻製品	133
	13.4	水産物の塩蔵品, 発酵食品	133
		A. 塩蔵品	133
		B. 塩辛類, 魚醤	134
		C. 水産発酵食品	134
	13.5	水産練り製品	135
		A. 加工原理	135
		B. 原料魚	136
		C. 冷凍すり身	136
		D. 主要な水産練り製品	137
	13.6	水産物の缶詰, 瓶詰	137
	13.7	調味加工品など	138
		A. みりん干し	138
		B. 佃煮	138

  C. ソフトさきいか ……………………………………………………… 138
  D. その他調味加工品 ………………………………………………… 139
 13.8 海藻類 ……………………………………………………………………… 139
  A. 寒天 ………………………………………………………………… 139
  B. アルギン酸ナトリウム …………………………………………… 140
  C. カラギーナン ……………………………………………………… 140

14. 油脂類 ……………………………………………………………………… 141
 14.1 植物油脂 …………………………………………………………………… 141
  A. 植物油脂の製造法 ………………………………………………… 141
 14.2 動物油脂 …………………………………………………………………… 142
 14.3 加工油脂 …………………………………………………………………… 143
  A. 油脂加工技術 ……………………………………………………… 143
  B. 油脂加工品 ………………………………………………………… 145

15. 発酵食品 …………………………………………………………………… 147
 15.1 発酵食品と微生物 ………………………………………………………… 147
  A. 発酵食品に関係する微生物の種類 ……………………………… 147
  B. 発酵食品における微生物の働き ………………………………… 148
 15.2 味噌 ………………………………………………………………………… 149
  A. 味噌の種類 ………………………………………………………… 149
  B. 製造方法 …………………………………………………………… 149
 15.3 醤油 ………………………………………………………………………… 150
  A. 醤油は5種類に分類される ……………………………………… 150
  B. 製造方法 …………………………………………………………… 150
 15.4 アルコール飲料 …………………………………………………………… 152
  A. 清酒 ………………………………………………………………… 153
  B. 焼酎 ………………………………………………………………… 154
  C. ビール ……………………………………………………………… 155
  D. ワイン ……………………………………………………………… 155
  E. ウイスキー，ブランデー ………………………………………… 156
  F. みりん ……………………………………………………………… 157
 15.5 食酢 ………………………………………………………………………… 157
  A. 種類 ………………………………………………………………… 157
  B. 製造方法 …………………………………………………………… 158
 15.6 納豆 ………………………………………………………………………… 158
 15.7 テンペ ……………………………………………………………………… 159

16. 調理済み食品：缶詰，瓶詰，レトルト食品，
冷凍食品，インスタント食品 ………………………………………… 161
 16.1 缶詰，瓶詰とレトルト食品とは ………………………………………… 161
  A. 缶詰，瓶詰とレトルト食品開発の歴史 ………………………… 161
 16.2 缶詰 ………………………………………………………………………… 162

		A. 缶の進歩	162
		B. 缶詰の種類	163
		C. 缶の構成	163
		D. 缶詰の製造方法	164
		E. 缶詰食品の変敗・変質	166
	16.3	瓶詰	167
		A. 瓶詰の種類	167
		B. 瓶詰の品質	167
		C. 瓶詰の製造方法	167
	16.4	レトルト食品（耐熱性プラスチック容器）	168
		A. レトルト食品の種類	168
		B. レトルト食品の品質	168
		C. レトルト食品の製造	168
	16.5	冷凍食品	169
		A. 冷凍食品の種類	169
		B. 冷凍食品の表示	170
		C. 食品の長期保蔵を可能にする急速冷凍	170
		D. 素材冷凍食品の成分変化	171
		E. 調理冷凍食品の製造方法	171
		F. 冷凍食品の包材	171
	16.6	インスタント食品	172
		A. 乾燥食品	172
		B. 半乾燥食品（濃厚食品）	173

17. 調味料，香辛料，嗜好食品　174

	17.1	甘味料	174
		A. 砂糖（ショ糖）	174
		B. デンプン由来の糖：デンプン糖	176
		C. その他の甘味料	177
	17.2	食塩と風味調味料	178
		A. 食塩	178
		B. 風味調味料	180
	17.3	香辛料	180
	17.4	嗜好飲料	182
		A. 茶	182
		B. コーヒー	184
		C. ココア	184
	17.5	清涼飲料	185
		A. 飲料水（ミネラルウォーター類）	185
		B. 炭酸飲料	186
		C. 果実飲料	186
		D. 野菜飲料	186
		E. コーヒー飲料	186
		F. 茶系飲料	187

G.	豆乳飲料	187
H.	スポーツ飲料	187
I.	保健飲料	187
J.	その他の清涼飲料	187

参考書 188
索引 189

第1編
食品の加工と保蔵

1. 食品加工・保蔵の意義と目的

　ヒトは，生存するために食物を摂取して，おもに糖質などの有機物から酸化的リン酸化により化学エネルギーを得，生命活動を営んでいる．これら食物の大部分は動植物などの生物体に由来しており，食材となる原材料は，それ自体が代謝機能を有している．このために食材は，収穫や漁獲などの直後，すなわち動植物の個体の死の初期には，食材を構成する個々の細胞の恒常性維持機能などによって大きく変質することは少ない．しかし，時間経過に伴って細胞自身の自己融解や微生物による腐敗などによって変質し，食品としての価値を著しく失う．また，野菜や魚などの多くの食材は，収穫適期に季節性があり，このために気象条件や自然条件による収穫量の変動や収穫時期の地理的な差異が存在する．

　このように収穫量や収穫時期が変動しやすく，さらに容易に変質や腐敗する食材を，季節による影響や地理的な遠近を乗り越えて安定的に供給するためには，食材に対して一定の処理を施して，保蔵することが必要である．このことは太古の人類が食物を安定的に供給するために，食材の保蔵方法を生活の知恵の中から見いだして，これらの技術を伝承し，現在の伝統的食品の基盤として受け継がれていることからも明らかである（図1.1）．

　自給自足の時代に食品を加工する必要性が高じたのは，安全な食品を一定期間保蔵し安定的に供給するためであるが，現在でも，宇宙空間における食生活を快適なものとするために中間水分食品が開発されたように，食品の加工技術は必要に迫られて誕生する．このように，食品の加工は安全性や嗜好性とともに保蔵性と密接な関連をもつ．また，現在は，食品の生産者と消費者が分離し，この間に存在する流通段階における時間と距離に伴う食品の変質を防止するためにも食品の加工や保蔵にかかわる技術が重要となる．

図1.1 日本における食品加工・保蔵の流れ

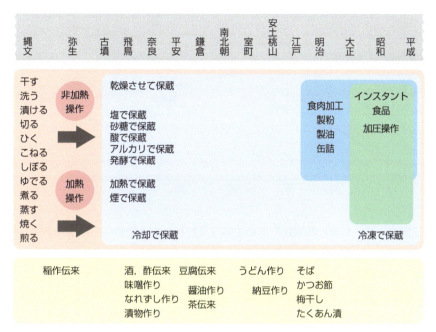

1.1 食品加工・保蔵に求められるもの

　食品は栄養素としての一次機能，嗜好性・官能特性としての二次機能，および生体調節機能としての三次機能を有しており，近年特に，健康維持や健康長寿に役だつ機能性食品が求められている．このため，従来からの農畜水産物などの加工はもちろん，即席食品，栄養強化食品，特別用途食品，特定保健用食品などの加工法や，それらの関連法規に関する知識も必要となる．これら従来の食品の機能性に加え，最近では，食育に代表される食の新たな側面が注目されている．すなわち，食を通じた国民運動の一環として，生涯にわたって健全な心身を培い，豊かな人間性を育むための食にかかわる取り組みが国策として推進されている．生産者と消費者との物理的，精神的な距離を安全に縮めることもこの食育運動の目的の1つである．

　一方，世界では8億人を超える人々が栄養不足にみまわれているが，わが国においては食品廃棄物の約55％が一般家庭から発生し，世帯あたり食べ残しを含めて約4％の食品が捨てられている．これは単独世帯や女性就業者の増加などに伴い，食に対する簡便性が強く求められ，さらに食の外部化が急速に進展していること(図1.2)などの社会情勢を反映したものと考えられる．

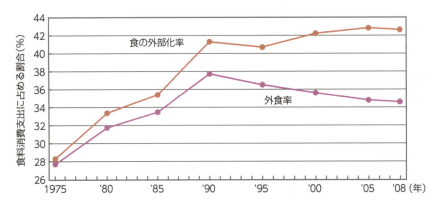

図1.2 食料消費支出に占める外部化率の推移
外食率：食料消費支出に占める外食の割合，食の外部化率：外食率に惣菜・調理食品の支出割合を加えたもの．
[資料：農林水産省HP「我が国の食生活の現状と食育の推進について」(食の安全・安心財団による推計)]

　生鮮食品は，一般に動植物の生物組織を原材料とするために，収穫に季節性がある．また，これらの生物組織を構成する個々の細胞に内在する酵素や外部から付着する微生物によって，生鮮食品は常温で速やかに変質あるいは腐敗する．品質の低下を防止して一定期間の保蔵や遠距離輸送に耐えうる加工・処理を施すこと，すなわち保蔵することは食品加工の重要な役割の1つである．生鮮食品である青果物においても収穫後，直ちに食卓に供されることはまれであり，通常，洗浄や殺菌処理が行われ輸送されたのちに，店頭で包装や低温で保蔵されて販売される．現在，私たちが口にする食品の大部分は何らかの加工処理が施されている．

1.2　食品の加工・保蔵とは

　広義の食品加工学は，食品の加工に関する理論や方法を取り扱い，種々の基礎科学を基盤とする学問である．すなわち，①原材料に関する生物学(植物学，動物学，微生物学)，②製造の工程に関する物理学，化学，③食品機能に関する生化学，食品化学，栄養化学，栄養学，食品物性学，応用微生物学，④工程・品質管理に関する化学工学，食品機械学，品質管理学，食品衛生学などである．
　食品加工とは，原材料となる農畜林産物，水産物などの生物資源に対して洗浄，粉砕，混合，分離，乾燥，濃縮，抽出，包装，冷凍・冷蔵，乳化，アルカリ処理，発酵などの物理・化学・生物学的操作を行い，目的とする食品を製造することである(図1.3)．
　食品加工の目的は，原材料や加工食品の腐敗・変質などによる品質の劣化を防止し，保蔵性を高め栄養価の低下を防ぎ，外観や嗜好性を向上させ，さらに消化を助けることや，栄養強化などの付加価値を高めることであり，その結果として経済的な価値を生むことでもある．このため原材料の特性を生かした，目的にかなった方法で加工を行わなければならない．さらに安全で嗜好性や栄養価の高い

図 1.3 食品加工・保蔵の目的

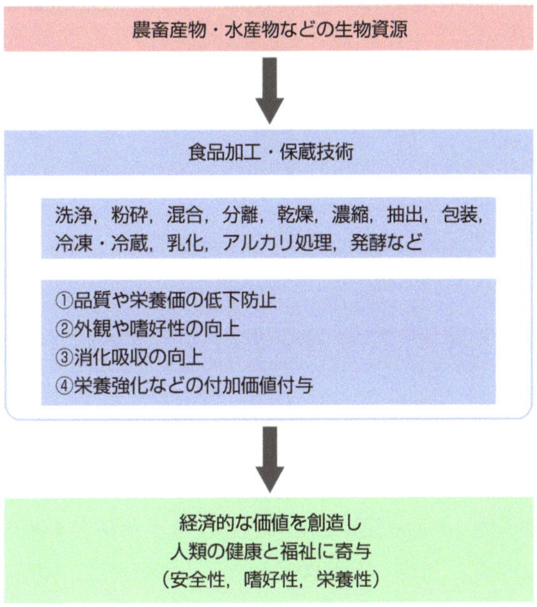

農畜産物・水産物などの生物資源

↓

食品加工・保蔵技術

洗浄，粉砕，混合，分離，乾燥，濃縮，抽出，包装，冷凍・冷蔵，乳化，アルカリ処理，発酵など

① 品質や栄養価の低下防止
② 外観や嗜好性の向上
③ 消化吸収の向上
④ 栄養強化などの付加価値付与

↓

経済的な価値を創造し
人類の健康と福祉に寄与
（安全性，嗜好性，栄養性）

食品を創出して，これらを安定的に供給し，人類の健康と福祉に寄与することが食品加工の意義である．

本書では，食品の「保蔵」を，「食品の品質が変わらないように積極的に保持すること」と定義し，従来の保存（そのままの状態でとっておくこと）や貯蔵（蓄えしまっておくこと）を含むものとする．これは今日的に食品加工・保蔵が産地から食卓に至るすべての段階において安全の確保とともに食品の一次から三次機能まですべての品質保持を目的としているからである．

食べ物と健康に携わる者，すなわちすべての人類にとって，食品を安全で品質良好な状態で消費するための食品の保蔵にかかわる手段や対策を理解すること，および食品となる生物資源の有効活用を図ることは，現在，地球規模の人口問題や環境問題に対して正しく対処するために極めて重要である．これらの問題や経済性と私たちが口にする食品の品質を適切な状態に保つために払われる努力との関係を理解することが，現代社会では重要と考えられる．

演習 1-1 食品の加工および保蔵の目的について述べよ．
演習 1-2 食品加工とは何かについて述べよ．
演習 1-3 食品加工や保蔵の技術がなかったら私たちの生活はどのようになっているか．具体的に説明せよ．

2. 食品の変化・変質

　食品を加工すると，しばしばその成分に変化が起こる．通常，食品の加工は保蔵を前提に行われる．加工食品だけでなく生鮮食品においても，その品質は流通過程でしだいに変化し，ある一定期間をすぎると食品として不適当なものになる．この過程を食品の**変質**，**劣化**，**変敗**などという．本章では，食品の加工および流通・保蔵時に起こる成分変化とその要因について説明する．近年，コールドチェーンに代表される食品の品質保持技術は発達してきた．品質保持のためには，流通および保蔵段階でその食品に適した一定の環境を保つことが重要である．特に食品の流通過程においては，温度上昇や物理的損傷などにより品質に大きな影響を与えてしまうことがあり，食品をとりまく環境の変化には注意が必要である．

2.1 変化の要因

　一般に食品の変化・変質は，物理・化学的要因（水分，pH，温度，酸素，光など），生化学的要因(酵素など)，生物学的要因(微生物，その他の生物)により影響を受ける．これらは食品を加工および保蔵する際に重要な要因となる．

A. 水分活性（A_w）

A_w : water activity

　食品，特に生鮮食品は水分含有量が多く微生物には好ましい生育環境である．食品中の水は，食品成分と水素結合により水和している**結合水**（束縛水）と，比較的自由に運動でき，微生物が利用できる**自由水**とに分けられる．通常の水の性質を示す自由水と異なり，結合水は一般に蒸発しにくく，氷結しにくい（このため不凍水ともいう）．また，溶媒としての機能に欠け，微生物にも利用されにくい．そのため，食品中の水の役割は，全水分含量よりも結合水と自由水の割合に依存する．

　食品中の自由水の量を表す尺度として**水分活性**（A_w）という概念が用いられる．

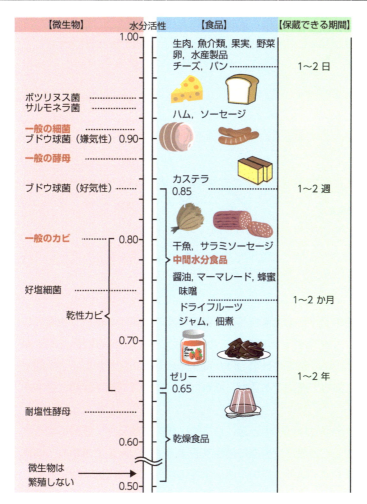

図 2.1 食品の水分活性と微生物の生育

水分活性は次の式で定義される．

A_W（水分活性）＝ P（食品の水蒸気圧）／P_0（純水の蒸気圧）

ここで，P は食品が示す水蒸気圧，P_0 はその温度における純水の最大水蒸気圧である．食品の平衡水蒸気圧を測定することは困難な場合が多いので，一般には食品を密閉容器中に放置し，水分平衡に達したのちの容器中の相対湿度を 100 で割った値を測定し，水分活性とする．図 2.1 に代表的な食品の水分活性と微生物の生育に適した水分活性を示す．

食品の水分活性は食品の保蔵中に起こる変化に影響する（図 2.1）．一般に，微生物の生育に適した水分活性は細菌で 0.90 以上，酵母で 0.88 以上，カビで 0.80 以上であり，水分活性が高いと食品は腐敗しやすい（図 2.2）．そこで食品に食塩や砂糖などの水和性物質を加え，水分活性を 0.85 ～ 0.65 にした中間水分食品が経験的につくられている．ジャム，佃煮，サラミソーセージなどがそれで，適量

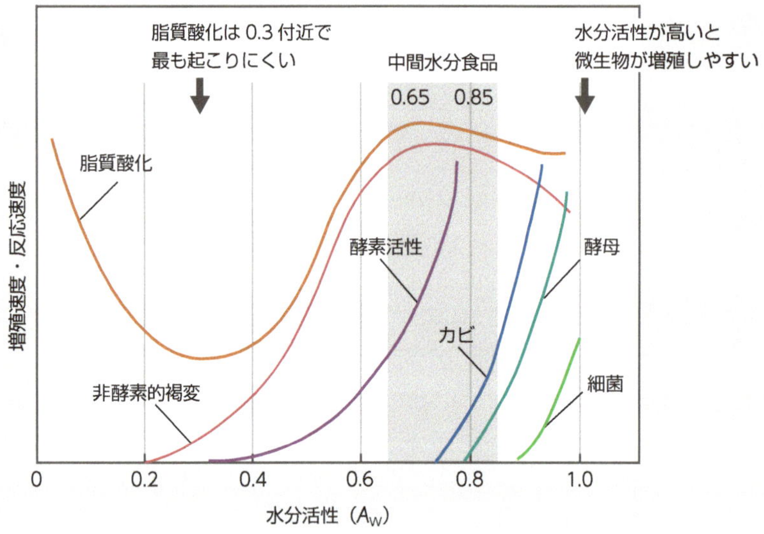

図 2.2 水分活性と化学反応速度, 微生物増殖速度

脂質酸化は 0.3 付近で最も起こりにくい

中間水分食品 0.65　0.85

水分活性が高いと微生物が増殖しやすい

脂質酸化
非酵素的褐変
酵素活性
カビ
酵母
細菌

増殖速度・反応速度

水分活性（A_w）

の水分を含んでいるので，そのまま食べることが可能で，長期の保蔵でも腐敗しにくい特徴がある．水分活性を調節するために食品に添加される物質を保水剤（ヒューメクタント）といい，食塩や砂糖のほかにソルビトールなどがある．中間水分食品は，微生物に対して有用であるが，脂質酸化，非酵素的褐変が起こりやすい面もある．

食品の変質は，水分活性が低いほど起こりにくい傾向にあるが，乾燥により水分活性が下がりすぎると食品成分表面に結合する単分子層の水まで奪われ，脂質の自動酸化が起こりやすくなる．このため，食品の単分子層の水は，残しておく必要がある．

B. pH（水素イオン指数）

pH : power of hydrogen

食品の腐敗の原因となる微生物の生育は，それぞれの微生物の<u>最適pH</u>よりもpHが高くても低くても非常に抑えられる（図2.3）．また，食品中の種々の成分変化もpHの影響を受ける．一般に食品は微酸性を示し緩衝能を有するため，通常の調理条件では食品のpHは中性域から大きくはずれることはない．しかし，食品の加工段階では酸・アルカリ処理する場合がある．肉の発色には酸が利用され，食品工業的なタンパク質の抽出には強アルカリが使用される．

C. 温度

食品の加工・流通・保蔵過程の<u>温度変化</u>は，食品の品質や特性に大きな影響を与える．一般に，100℃以上で加熱する場合，食品は無水条件下で空気酸化などの極めて激しい化学変化を起こすことが多い．水が溶媒として機能する100℃以

図 2.3 食品の変質とpHの関係

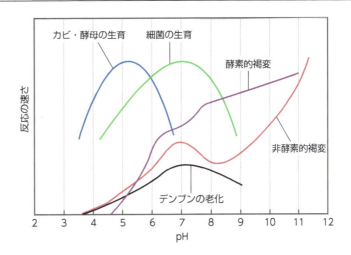

表 2.1 10℃の温度上昇に伴う反応速度の増加（Q_{10}）
[A.C. Giese, *Cell Physiology*, W.B. Saunders Co. (1957)]

無生物の反応	Q_{10}	温度範囲（℃）	生物の反応	Q_{10}	温度範囲（℃）
大部分の反応	2〜3		光合成（真昼）	1.6	4〜30
酵素（麦芽アミラーゼ）によるデンプンの消化	2.2	10〜20	細菌（大腸菌）生育	2.3	20〜37
			サトウダイコンの呼吸	3.3	15〜25
酵素（トリプシン）によるカゼインの消化	2.2	20〜30	オレンジの呼吸	2.3	10〜20
			豆モヤシの呼吸	2.4	10〜25

Q_{10} : temperature quotient または temperature coefficient

CA : controlled atmosphere

下では，食品成分間の反応が活発に起こる．また，種々の反応の Q_{10}（温度が10℃上昇すると反応速度が何倍になるかを表す値）は，2〜3の場合が多い（表2.1）．このことは，食品の温度が低下すると，微生物の生育は抑えられ，生鮮食品の代謝速度，呼吸率および化学的な劣化速度も低下するため，食品の保蔵に低温が有効であることを意味している．野菜・果実類は呼吸により熱を発生し，品質低下の重要な要因となることがあるため，低温に保つためには流通・保蔵過程で庫内の空気を適当に循環させることも必要である．食肉・魚肉類は冷凍保蔵ができるが，野菜・果実類は冷凍できても解凍時に組織が崩れることが多いため，保蔵空間の環境（ガス組成，温度，湿度）を調節し，呼吸・蒸散活動を抑制する **CA貯蔵** が行われることがある（3.4節参照）．

　近年，物流システムや情報管理，包装技術の進歩により多品種少量輸送が可能となっているが，複数の種類の生鮮食品を組み合わせて輸送する場合，ある食品にとって温度が高すぎるとその食品の鮮度低下を早めたり，逆にある食品にとって温度が低すぎると **低温障害** を起こすものがあるので注意を要する．

D. 酸素

酸素は非常に反応性が高く，食品中の多価不飽和脂肪酸を含む油脂類，ビタミンA，クロロフィル，ポリフェノール類，芳香に関与するテルペン類など多くの有機化合物は酸化を受ける．その結果，油脂の酸化による有毒物質の生成や栄養素の破壊，味・匂いにかかわる成分の化学変化などが起こる．ビタミンC（アスコルビン酸），ビタミンEおよびポリフェノール類は，その酸化の防止に役だつ．

E. 光

光は波長が短いほどエネルギーが大きいため，波長の短い紫外線曝露は食品成分の化学反応性を高め，油脂の酸化などをひき起こす原因となる．可視光線のエネルギーは小さいが，食品中に含まれるリボフラビン，クロロフィル，ヘム色素，カロテノイドなどの色素が光エネルギーを吸収して分解したり，光増感反応の原因となる．

2.2 食品成分の反応

A. 非酵素的褐変

酵素に依存しない非酵素的褐変として，アミノカルボニル反応，カラメル化，アスコルビン酸の褐変などが知られている．この中には，食品加工に利用されている褐変現象もある．

a. アミノカルボニル反応（メイラード反応）

アミノカルボニル反応は，アミノ化合物（アミノ酸やタンパク質など）と，カルボニル化合物（還元糖やアルデヒドなど）が反応し，シッフ塩基を経てアミノレダクトンとなり，さらにオソン類（α-ジカルボニル化合物）を経て，最終的に褐色物質メラノイジンを生成する一連の反応である（図2.4）．この反応は，食品を水の存在下で常温で長期間放置したり加熱したりすると，食品の加工・保蔵時に最も普遍的に見られ，味噌や醤油の色，パンやカステラの表面の色，練乳の色のほか，多くの食品の品質と密接に関係している．この反応の影響因子を表2.2に示した．

反応により糖やアミノ酸が減少するため食品の栄養価は低下する．しかし，メラノイジンや反応中間体のレダクトン類の抗酸化作用により，油脂製品では異臭が生じにくい．またこの反応は揮発性の香気成分が生成される副反応（ストレッカー分解）を伴うため，食品加工における香りの発現に関連する重要な因子となる．

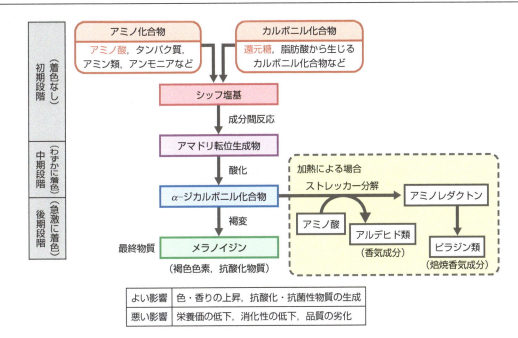

図 2.4 アミノカルボニル反応の概要

表 2.2 アミノカルボニル反応に影響する因子

因子	影響
糖類	還元糖では五炭糖のほうが六炭糖よりも反応性は高い 非還元糖のスクロースは反応に関与しない
アミノ化合物	ペプチド＞アミノ酸＞タンパク質の順で反応性は高い アミノ酸では，リシンなどの塩基性アミノ酸は反応性が高い
pH	pH 3 以上では，pH が上がるに従い反応性も高くなる
水分	水分活性が 0.65 〜 0.85（中間水分活性）で最も反応性は高い 水分活性が低い状態でも加熱すると反応は起こる．しかし，完全な無水状態では反応は起こらない
温度	加熱温度が高いほど反応速度も速くなる
金属	鉄イオンや銅イオンなどの存在は褐変を促進する

b．ストレッカー分解

アミノカルボニル反応の中間体であるオソン類がα-アミノ酸と反応すると，脱炭酸を経て，そのアミノ酸よりも炭素数が1つ少ないアルデヒドとアミノレダクトンが生成され，さらにアミノレダクトンはピラジン化合物に変化する．この一連の反応を**ストレッカー分解**という．生成されたアルデヒドは香気成分であり，ピラジン類はコーヒー，ピーナッツ，麦茶，パンなどの焙焼香に関与する芳香成分である．

この反応は加熱により反応速度が上昇するため，食品加工・調理における加熱は食品の色や香りの形成に大きな影響をおよぼす．

c. カラメル化

糖類を150〜200℃に加熱すると，単独で分解，重合し，黒褐色のあめ状物質（カラメル）に変化する反応を**カラメル化**という．甘味や苦味があり，加工食品の着色や風味づけに広く使用される．ショ糖（スクロース）からのカラメルは製菓，ウイスキー，清涼飲料などに，ブドウ糖（グルコース）からのカラメルは醤油，ソースなどに用いられる．

d. アスコルビン酸の褐変

アスコルビン酸は酸化的・非酸化的に分解し，褐変する．酸素存在下でアスコルビン酸はデヒドロアスコルビン酸に酸化され，ストレッカー分解を経て赤色色素を生じ，乾燥野菜の紅変の原因となる．非酸化的にもアスコルビン酸はpH4以下の酸性側でフルフラールに変化し，さらにこれがアミノ酸とアミノカルボニル反応を起こして褐変物質を生じ，果汁の褐変の原因となる．これらの反応は，酸素濃度，金属，pH，温度，水分活性，酸化剤などの環境要因によって影響される．

B. タンパク質の変性

タンパク質は，多数のアミノ酸がペプチド結合したポリペプチドであり，そのアミノ酸配列を一次構造という（図2.5）．タンパク質はそのアミノ酸の側鎖間で形成される水素結合，疎水結合，イオン結合などの弱い結合ならびに，強い結合であるジスルフィド結合（S-S結合）により高次構造（二次構造，三次構造，四次構造）を形成している．タンパク質の諸性質はこの高次構造に依存しているため，温度，

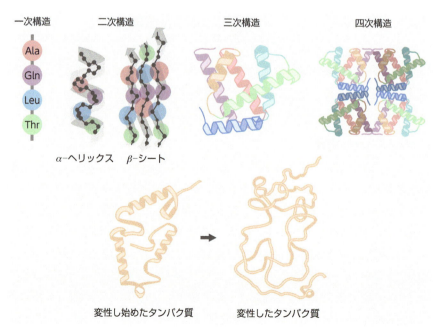

図2.5 タンパク質の構造と変性モデル

表2.3 タンパク質の変性を利用して製造される食品と調理の例

変性の原因	変性方法	変性の要因	利用例
物理的原因	加熱による変性	ゆでる，焼く	ゆで卵，魚肉練り製品，湯葉，落し卵
	凍結による変性	凍結	高野(凍り)豆腐
	張力，剪断力による変性	張力，剪断力	大豆タンパク質繊維，組織化大豆タンパク質，スパゲッティ
	表面張力による変性	泡立て，表面張力	湯葉，メレンゲ，スポンジケーキ，アイスクリーム
化学的原因	酸による変性	酢酸，乳酸	魚肉の酢じめ，ヨーグルト，落し卵
	アルカリによる変性	消石灰，炭酸ナトリウム，水酸化ナトリウム	ピータン，中華麺，繊維状大豆タンパク質
	塩類による変性	食塩 カルシウム塩，マグネシウム塩	魚肉練り製品 豆腐
	酵素による変性	キモシン	チーズ
	有機溶媒による変性	アルコール	卵酒
	ジスルフィド(S-S)結合の生成による変性	練る	小麦粉のドウ

機械操作，酸・アルカリ，アルコールなど種々の要因によりその高次構造が変化すると，タンパク質の性質も変化する．この現象を**タンパク質の変性**といい，通常，不可逆的な変化である．

冷凍時に起こるかまぼこのスポンジ化は凍結変性の例である．アルカリ処理では，タンパク質に含まれるセリン残基やシステイン残基からデヒドロアラニン残基が生成される．これが別のアミノ酸残基と架橋反応を起こし，タンパク質の消化吸収率を下げる．デヒドロアラニン残基とリシン残基が縮合するとリシノアラニンが生じ，リシンの有効性が低下する．このようなタンパク質の変化は，タンパク質の栄養価を低下させる．一方，かまぼこ，ヨーグルト，豆腐などタンパク質の変性を有効利用した食品も多い(表2.3参照)．

C. 脂質の変化（自動酸化）

食品油脂中の多価不飽和脂肪酸は，何らかの原因で水素原子がひき抜かれると**ラジカル**となり，酸素と結合して**ペルオキシラジカル**になる（図2.6）．これはさらに別の脂肪酸から水素原子をひき抜いて新たにラジカルを生成し，自らは過酸化物となる．これが連鎖反応的に継続する．この一連の反応を脂質の**自動酸化**という．

生成した過酸化物はさらに分解して，種々の揮発性アルデヒド類などを生じ着色劣化する．アルデヒド類は食中毒の原因となるほか，酸敗臭，変敗臭，大豆油の戻り臭，冷凍焼けなどの原因にもなる．脂質の自動酸化は，熱，光，水分，重金属イオンなどにより促進される．

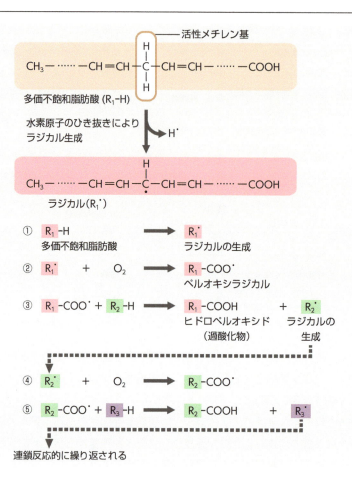

図 2.6 多価不飽和脂肪酸の自動酸化

D. デンプンの老化

　糊化したデンプン（糊化デンプン）を放置しておくと，しだいに離水して水に不溶の状態に変化する現象を**デンプンの老化**という（図2.7）．老化により粘性は減少し，元の生デンプンに似たミセル構造を回復するが，その結晶性は低い．老化したデ

図 2.7 デンプンの糊化と老化

ンプン（老化デンプン）は，味，消化性ともに悪い．老化の進行は下記のように温度，水分，pH，デンプンの組成，糊化の程度，共存物質などにより影響を受ける．

①**温度**：0℃以上では水素結合が安定する低温ほど老化は起こりやすく（0〜5℃で最大），60℃以上になると起こりにくくなる．0℃以下では自由水が凍結するため老化は起こりにくい．

②**水分**：30〜60％の水分で最も老化しやすい．水分15％以下ではほとんどの水が結合水で，溶媒として機能しないため老化は起こりにくい．水分が60％より多いと離水が抑制され老化しにくくなる．

③**pH**：中性付近で老化は最も起こりやすく，酸性またはアルカリ性では起こりにくい．

④**デンプンの組成**：アミロースはアミロペクチンよりも老化しやすいため，アミロース含量の多いデンプンほど老化が速くなる．

⑤**糊化の程度**：完全に糊化したデンプンは老化しにくい．

⑥**共存物質**：スクロースなどの糖分を添加すると，糖の保水性により老化を防止できる．

E. ビタミン類の損失

a. 脂溶性ビタミン

ビタミンAは，油脂の酸化に巻き込まれて酸化される場合が多い（共役酸化）．したがって溶存する油脂が古くなると著しく不安定になる．ビタミンEは，天然の抗酸化剤である．紫外線，過酸化脂質，金属イオンなどにより分解されやすい．

b. 水溶性ビタミン

一般に水への溶出による損失が大きく，加熱によりその溶出はさらに大きくなる．しかし，豚肉中のビタミンB_1は加熱による損失が比較的少ない．ビタミンB_2は光に不安定で分解し，アミノ酸などに対して光増感剤として作用し，牛乳の日光臭の原因となる．食品中のビタミンCは特に溶出しやすく，加熱により見かけ上，ビタミンCは減少する．また，ビタミンCは食品の加工・保蔵中に種々の環境要因によって非酵素的褐変を起こし損失する．ナイアシン（ニコチン酸）は光に安定で，穀物中では糖質と結合していて吸収・利用されにくいが，酸・アルカリ，加熱処理などにより吸収・利用されるようになる．

2.3 酵素による変化

生鮮食品の組織中には，活性を保持したままの種々の酵素が含まれるため，流通・保蔵中に酵素反応が起こり，食品の変質の原因となる．

A. 酵素的褐変

野菜や果実には，切断して放置すると切り口が褐色に変色するものがある．これは，組織に含まれるポリフェノール類がポリフェノールオキシダーゼの作用により酸化されキノン類となり，さらに酸化重合して**メラニン色素**を生じるためで，**酵素的褐変**といわれる（図2.8）．

食品中の褐変出発物質には，ゴボウ，ナスなどのクロロゲン酸，リンゴ，モモのクロロゲン酸やカテキン類，ジャガイモのチロシンやクロロゲン酸，ヤマノイモのカテキン類やドーパミンなどがある．ジャガイモの場合，ポリフェノールオキシダーゼがモノフェノールモノオキシゲナーゼ活性を含むチロシナーゼであるため，フェノールであるチロシンも褐変出発物質となる（図2.8）．一般に，酵素的褐変により外観やフレーバーは悪化し，アミノ酸やビタミン類の分解も起こるため栄養価は低下する．褐変の防止法として，①**ブランチング**（3.4節参照）により酵素を失活させる，②**酸を添加**してpHを下げたり，**食塩を添加**したりして酵素活性を阻害する，③アスコルビン酸，システイン，亜硫酸塩などを添加して生成した**キノン類を還元**するなどの方法がとられる．

一方，酵素的褐変を積極的に食品加工に利用する例もあり，紅茶発酵では茶葉のカテキン類は酵素的に十分に酸化され，これに非酵素的反応も加わり，テアフラビン（紅茶の色素）や香気成分が生成する．

B. 酵素的酸化

リポキシゲナーゼは，マメ科植物の種子や魚皮に多く含まれ，多価不飽和脂肪酸を酸化して過酸化脂質にする．この作用により，必須脂肪酸だけでなく脂溶性ビタミン類も破壊される．また，青臭みなどの異臭が生成し，食品を劣化させる．

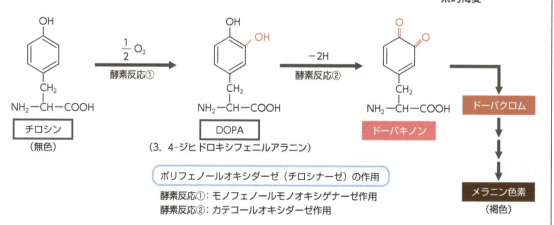

図 2.8 チロシンの酵素的褐変

2.4 低温障害

野菜や果実類は，収穫後も呼吸・蒸散を行っているが，熱帯・亜熱帯原産のものの多くは低温感受性が大きく，0～15℃くらいの低温にさらされると正常な代謝ができなくなり，組織の軟化，褐変，**ピッティング**（斑没，くぼみが生じる）などの障害を起こす(表2.4)．この現象を<u>低温障害</u>という．

低温障害は，低温によりその食品の代謝系の均衡がくずれ，中間代謝物の異常な蓄積や，正常な代謝物生成の抑制により起こる．この場合，障害を起こさない温度の設定と管理が必要となる．

表 2.4　野菜・果実の低温障害を起こす温度とその状態

	種類	温度(℃)	状態
野菜	インゲンマメ	7.2～10.0	ピッティング，変色
	カボチャ	10.0	アルタナリア菌による腐敗，内部褐変
	トマト（未熟果）	12.8～13.9	追熟不良，アルタナリア菌による腐敗
	ピーマン	7.2	ピッティング，種子の褐変
	サツマイモ	12.8	褐変，糖の増加
果実	グレープフルーツ	10.0	焼け，ピッティング，水浸状腐敗
	パインアップル	7.2～10.0	追熟時の暗緑色化
	バナナ	11.7～13.3	表面の黒変，追熟不良
	マンゴー	10.0～12.8	果皮の変化（灰色化），追熟不良
	レモン	14.4～15.5	ピッティング，果心の褐変

2.5 微生物による変質

一般に食品は，微生物にとってよい栄養源となるため，微生物は食品を培地として繁殖し，その結果，食品の品質を変化させる．この変化が嗜好性，栄養性に優れた有益な変化である場合を発酵，有害である場合を腐敗という．

微生物による食品の変質は，温度，水分活性，pH，酸素などの環境因子の影響を受ける．したがって，これらの諸条件を考慮し，食品に腐敗をもたらす変質を防止することが，食品を保蔵するうえでの最重要課題である．

演習 2-1 食品が変化・変質する要因の項目を挙げよ.
演習 2-2 食品の変化・変質と水分の関連について述べよ.
演習 2-3 非酵素的褐変反応について述べよ.
演習 2-4 脂質の酸化について述べよ.
演習 2-5 デンプンの老化の促進と抑制要因について述べよ.
演習 2-6 酵素的褐変反応について述べよ.

3. 食品保蔵の方法

食品の劣化は，大きく分けて①微生物によるもの，②食品中の酵素によるもの，③酸化などの化学反応によるもの，④物理的な力による組織破壊などによるものがある．ここでは，これらの劣化を防ぐ食品の保蔵方法と，これらにより食品に新たな変化が生じる場合について解説する．

3.1 低温を利用した保蔵

食品の化学的変質と微生物による変質には，温度が大きく関係している．低温にすることで，化学反応や微生物の生育が抑制され，食品の保蔵性は向上する．

微生物は，生育できる温度により低温菌（至適発育温度10～20℃），中温菌（25～45℃），高温菌（55～75℃）に分類され（図3.1），至適発育温度から低温になるにつれ増殖速度が緩やかになる．食中毒原因細菌や食品の変質にかかわる細菌，カビ，酵母の大部分は中温菌であるため，5℃以下で食品を保持すればほとんどの微生物の増殖を抑えることが可能である．一方，一部のカビや低温細菌は，凍結しない限り0℃以下でも生育するものもあり，完全に生育を抑制するためには食品の凍結が必要となる．食品を低温に保持しても微生物の増殖が抑えられるのみであり，微生物が死滅するわけではない．そのため，低温保蔵はあくまで一時的な保蔵方法であり，食品を常温に戻したあとの品質には十分注意する必要がある．

A. 冷蔵

食品に含まれる水分が凍結して氷結晶が生じ始める温度を氷結点という．食品に含まれる水には糖質，無機質などの成分が溶解しているため氷結点は0℃ではなく，食品によって異なるが，多くの氷結点は－1℃前後である．食品を氷結点以上の低温で非凍結状態で保蔵することを冷蔵という．食品衛生法に基づく「食品，添加物等の規格基準」では，冷蔵が必要な食品は10℃以下（生食用食肉は4℃以下）

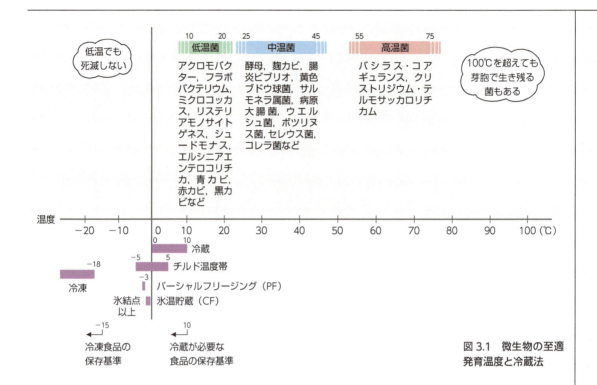

図 3.1 微生物の至適発育温度と冷蔵法

と保存基準が定められている．温度が約10℃低下すると微生物の発育は1/2〜1/3程度となり，化学的変質の反応速度は1/3程度となる．

冷蔵の方法としては，氷冷却法，ドライアイス法，冷蔵庫による方法などがあり，一般には0〜10℃に保持する．また，**−5〜5℃**の温度帯を**チルド温度帯**といい，この温度帯で流通する食品を**チルド食品**という．氷結点により近い低温で，凍結しない程度の状態で保蔵する方法である．このほかに，氷結点から0℃までの温度帯で非凍結状態で保蔵する**氷温貯蔵**(CF)や，氷結点よりやや低い温度帯で半凍結状態で保蔵する**パーシャルフリージング**(PF)など，より精密に温度管理された冷蔵法が研究され実用化されている．

なお，野菜や果実には冷蔵により**低温障害**を起こすものがある．バナナ，サツマイモなどは10〜13℃で障害を起こし，キュウリ，ナス，トマト(熟果)も7〜10℃で障害を受けるので注意が必要である(2.4節参照)．

CF : controlled freezing-point storage
PF : partial freezing

B. 冷凍

食品を，氷結点以下の低温で凍結状態で保蔵することを**冷凍**といい，一般的には**−18℃以下**に保持する．食品衛生法に基づく「食品，添加物等の規格基準」では，冷凍食品は**−15℃以下**と保存基準が定められている．冷凍の方法は，食品の形状や大きさによって使い分けられる(表3.1)．

表 3.1 食品の冷凍法

冷凍法	冷凍原理
空気凍結法	冷却した空気で満たされた庫内に食品を保持する
エアブラスト凍結法	食品に冷却した空気を吹き付ける
ブライン浸漬凍結法	高塩濃度の不凍液（ブライン）に食品を浸漬する
接触式凍結法	冷媒を通した金属板に食品を接触させる（コンタクト凍結）
液化ガス法	液化窒素，液化二酸化炭素を食品に吹き付ける

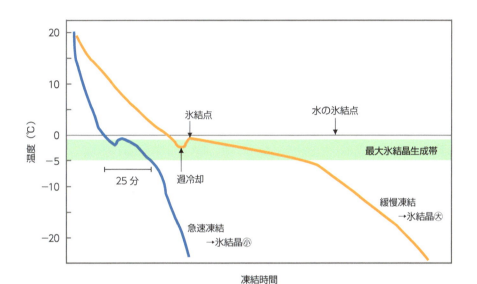

図 3.2 食品の凍結温度曲線

食品が凍結するときの温度と時間の関係を示したものを**凍結温度曲線**という（図3.2）．食品の温度が氷結点から−5℃付近まで下がる間に食品中の自由水の大部分が氷結晶に変化し，食品は凍結状態に変化する．この温度帯を**最大氷結晶生成帯**という．この温度帯を時間をかけて通過する（**緩慢凍結**）と，食品組織内に生じる氷結晶が大きく成長して組織を傷つけ，解凍時に**ドリップ**が生じ復元性が低下する（図3.3）．一方，最大氷結晶生成帯を急速に通過させる（**急速凍結**）と，微細な氷結晶が均一に生成するので解凍時のドリップが少なくなり品質が保持される．そのため，冷凍食品の製造では急速凍結を行うことが重要である．食品によっては，小単位に分割して個別に急速凍結する**バラ凍結**（個別急速冷凍，IQF）が施される．

IQF：individual quick freezing

水は溶解している物質を排除して純水のみが凍る性質があるため，凍結していない部分の**塩濃度**などが増加しタンパク質の変性をひき起こす場合がある（**凍結変性**）．凍結変性の防止のため糖類の添加，pHの調節が行われる．

脂質を多く含む魚肉や食肉では，冷凍保蔵中に表面の氷結晶が昇華して乾燥することで脂質が空気に触れやすくなり**酸化**される．**冷凍やけ**（油やけ）が生じるこ

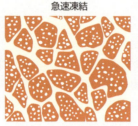

図3.3 食品の細胞組織内に生じる氷結晶の違い

とがある．そのため包装材で酸素を遮断したり，凍結させた食品の表面に水で薄い氷の膜（グレーズ）をつくるグレージングを行い，酸化を防止する．

青果物では，冷凍保蔵中に酵素的褐変などの品質劣化が起こることがある．そのため前処理として高温の蒸気を吹き付けたり，熱湯に浸漬するなど短時間の加熱をするブランチングを行い，あらかじめ酵素を失活させる．

3.2 水分活性の低下を利用した保蔵

食品中の自由水の量を表す水分活性（A_w）が0.7以下では，特別なカビ，酵母以外の微生物は生育しにくい．食品の保蔵のために水分活性を低下させる処理が古くから用いられてきた．水分活性を低下させる方法としては，乾燥，塩蔵，糖蔵がある．乾燥は，食品から自由水自体を蒸散させて減少させる方法で，魚や肉の干物，乾麺，干し柿などの干し果物，インスタントコーヒーなど多くの乾燥食品の製造に応用されている．塩蔵，糖蔵は，食品に食塩や砂糖を加えることで，食品中の全水分含有量は変わらないが自由水を結合水に変えて自由水を減少させる方法である（3.6節参照）．水分活性の低下は，加えた食塩や砂糖のモル濃度に比例する．したがって，水分活性を同程度低下させるには砂糖のほうが食塩よりも多量に必要となる（図3.4）．

3.3 酸・アルカリを利用した保蔵

微生物の生育には，図2.3（p.9）に示したように最適なpH（水素イオン指数）がある．一般の細菌はpH4以下または9以上で活動を停止するか死滅する．アルカリ性の食品はこんにゃく，ピータン，あくまきなどいくつか例があるが，その種

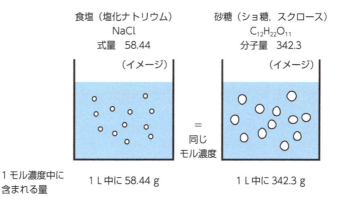

図3.4 モル濃度と質量
同じモル濃度でも重量は約6倍も違う.

類は多くない．一方，pHを低下させて食品を保蔵する例は，食酢を使用する野菜の酢漬けや魚介類の酢締め，乳酸菌の産生する有機酸による発酵食品など多くの例がある．酢酸，乳酸，プロピオン酸，クエン酸などの有機酸がこれらの食品の保蔵に用いられる．同じpHでは無機酸よりも有機酸のほうが一般に微生物の抑制効果が高く，有機酸の中では酢酸＞乳酸＞クエン酸の順で効果が高い．酸により微生物の抑制のみでなく食品タンパク質の酸変性も生じる．しめさばの表面が白くなったり，ヨーグルトで乳タンパク質のカゼインが凝固したりするのがその例である．

酸性食品と中性食品では殺菌・滅菌操作も異なる．酸性食品はより低温，短時間で殺菌が可能である．

3.4 生物機能の調節を利用した保蔵

A. 呼吸および蒸散の制御

動物性食品は，個体としては死んだ状態であるが，植物性食品は収穫後も呼吸および蒸散などの生命活動を営んでおり，呼吸作用により品質が低下する場合がある．青果物の保蔵庫内の気体組成を，装置を用いて人工的に低酸素，高二酸化炭素，低温に制御し，呼吸を抑制して保蔵する方法をCA貯蔵という．酸素を2～10%に減少させ二酸化炭素を2～8%に増加させると，約2倍程度の保蔵期間の延長が可能となる．

青果物をポリエチレンやポリプロピレンなどの袋で包装すると，水分の蒸散が抑制され，かつ，青果物自身の呼吸作用により袋内の気体組成が低酸素，高二酸化炭素状態となり，CA貯蔵に類似した効果が現れる．このような方法をMA包

CA : controlled atmosphere

MA : modified atmosphere

装という.

B. 温度の調節

　比較的高い温度で植物性食品を保持することで保蔵性，加工性の向上が見られる場合がある．ジャガイモは0～5℃以下の低温保蔵中にデンプン一部が分解して還元糖が増加（低温糖化）し，加熱によりメイラード反応物が生じて着色が問題となるが，20℃で1～2週間おくと糖がデンプンに戻り，メイラード反応が抑制される（11.3節参照）．またサツマイモは収穫時に表面に傷ができやすく保蔵性が悪化するが，約30～34℃，湿度90～95％で4～6日おくと表面の傷がコルク化し保蔵性が向上する．この処理をキュアリングという．

C. 酵素の失活

　食品中の酵素を失活させて保蔵性を向上させる場合がある．野菜類は，冷凍保蔵中や解凍時に酵素（ポリフェノールオキシダーゼ）により変色が生じることがあるため，凍結前に短時間ゆでる，または蒸気で加熱して，酵素を失活させてから凍結する（ブランチング）．製茶工程では特にブランチングといわないが，茶葉を短時間蒸気で蒸したり，釜で炒ったりしてポリフェノールオキシダーゼを失活させると緑色が変色せず緑茶になる．加熱操作を行わないと酵素により褐変しウーロン茶や紅茶になる（17.4節参照）．

3.5　燻煙

　カシ，ブナ，サクラなど樹脂の少ない広葉樹を不完全燃焼させて出た煙で食品をいぶし，燻煙成分を食材に浸透させて保蔵性，嗜好性を向上させる加工方法である．燻煙中のアルデヒド，フェノール性化合物，有機酸類など殺菌・防腐成分が食品表面から浸透することと，燻煙により食品が乾燥し水分活性が低下することが，保蔵性が高まる原理である．また，食肉の燻煙は塩せき（12.1節参照）と組み合わせて行われることが多く，食塩による脱水によっても水分活性は低下する．

　冷燻法は低温（15～20℃）で1～3週間燻煙する方法であり，乾燥期間が長いため通常水分は40％程度となり保蔵性が高い．ドライソーセージ，スモークサーモンなどの製造に用いられる．温燻法は50～80℃で2～12時間程度燻煙する方法で，ハム，ソーセージなどの製造に用いられる．水分は50～60％となり，冷燻法より保蔵性は劣る．熱燻法は高温（80～130℃）で短時間（数十分～4時間程度）燻煙する方法である．また木材の乾留で得られる燻液（木酢液）に食品を浸漬してから乾燥させる液燻法がある．熱燻法と液燻法は，保蔵よりも風味付けを目的と

して行う場合が多い．

3.6　塩蔵，糖蔵

　食塩や砂糖を添加すると，浸透圧が上昇し，食品の水分活性は低下する．自由水が少なくなるため，微生物は生育に必要な水を利用できなくなり，増殖が抑制される．これが塩蔵（塩漬け）・糖蔵（砂糖漬け）の主たる原理である．そのほかに食塩には，酸素の溶解度を低下させることによる好気性菌の増殖抑制作用，酵素活性の抑制作用，塩素イオンによる防腐作用などがあり，保蔵性を高めるのに役だっている．近年では，低塩や甘さ控えめを好む消費者の嗜好性に合わせ，食塩や砂糖の量を少なくし，冷蔵保蔵や酸・エタノールの添加と組み合わせて保蔵性を保っている食品が多い．塩蔵品として，魚介類では塩辛，野菜類では漬物，肉類ではコンビーフなどがある．糖蔵品として，果実類や野菜類のジャム，グラッセなどがある．

3.7　放射線を利用した保蔵

　電磁波には，波長の長いものから順に，電波，赤外線，可視光線，紫外線，電離放射線（X線, γ線）などがある（図3.5）．食品に電離放射線を照射することは，殺菌，殺虫，農産物の発芽や発根抑制などの効果がある．その効果は，微生物や昆虫，食品の細胞核遺伝子への直接的な作用と，照射により生じるフリーラジカルやH_2O_2（過酸化水素）の殺菌作用によるものである．放射線殺菌は熱の発生がほとんどない（冷殺菌）ことや，包装食品への利用も可能であるなどの利点があるが，高線量の照射によって生じる副反応による照射臭の発生や変色，二次生成物の安全性への疑問などの問題が指摘されている．

　わが国ではコバルト60から出るγ線照射のみが，ジャガイモの発芽防止にのみ許可されている．海外では香辛料，魚肉や畜肉の加工品の殺菌に利用されているが，わが国では許可されていない．

3.8　食品添加物を利用した保蔵

　食品添加物には食品の保蔵性を高め食中毒を防ぐために用いられるものがある．保存料，防かび剤，酸化防止剤などがそれにあたる（表3.2）．

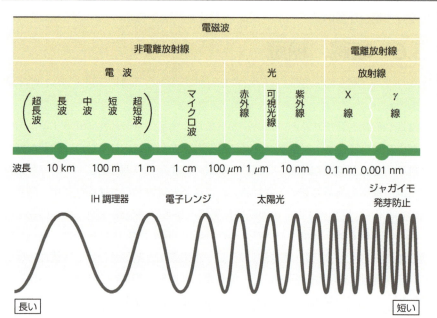

図 3.5 電磁波の種類
電磁波とは,電気と磁気の性質をもつ波をいい,電離放射線と非電離放射線に分けられる.

用途名	物質名	使用できるおもな食品
保存料	安息香酸,安息香酸ナトリウム	マーガリン,醤油
	ソルビン酸,ソルビン酸カリウム	チーズ,魚肉,食肉製品,漬物,たれなど
	パラオキシ安息香酸エステル(エチル・ブチルなど)	醤油,果実ソース,酢など
	プロピオン酸,プロピオン酸ナトリウム,プロピオン酸カルシウム	チーズ,パン,洋菓子
	デヒドロ酢酸ナトリウム	チーズ,バター,マーガリン
	しらこタンパク抽出物,プロタミン	(使用基準なし)
	ナイシン	食肉製品,チーズ,ソース類など
防かび剤	ジフェニル	グレープフルーツ,レモン,オレンジ類
	イマザリル	かんきつ類(みかんを除く),バナナ
	オルトフェニルフェノール(OPP),オルトフェニルフェノールナトリウム	かんきつ類
	チアベンダゾール(TBZ)	かんきつ類,バナナ
酸化防止剤	ジブチルヒドロキシトルエン(BHT)	魚介類冷凍品,チューインガム,油脂など
	エリソルビン酸,エリソルビン酸ナトリウム	魚肉練り製品,パン
	dl-α-トコフェロール,ミックストコフェロール	油脂類,バターなど
	L-アスコルビン酸,L-アスコルビン酸ナトリウム	茶類,果実加工品,パンなど
	カテキン	(使用基準なし)
	トコトリエノール	(使用基準なし)

表 3.2 食品の保蔵性を高める目的で用いられる食品添加物の例

　保存料は食品の腐敗や変質の原因となる微生物の増殖を抑制して保蔵性を高めるために用いられる.保存料はあくまで微生物の増殖を遅らせるだけで,微生物を殺すことを目的とした殺菌料とは異なる.保存料を添加した食品には,「保存料

（ソルビン酸）」のように用途名および物質名を併記表示しなければならない．

細菌などが他の微生物に対して抗菌活性を示すタンパク質やペプチドを分泌することは知られており，**バクテリオシン**といわれている．その中でも**乳酸菌**が産生する**ナイシン**は，2009年に新たに指定添加物として認可された保存料である．

保存料とは別に，保蔵性の低い食品を数時間から数日といった短期間，腐敗や変質を抑える目的で使用される食品添加物がある．これらは食品衛生法での用途としては定められていないが，一般には日持ち向上剤といわれている．静菌作用をもつ有機酸類，グリシン，リゾチーム，グリセリン中鎖脂肪酸エステル，エタノール（酒精），香辛料の抽出物などが配合されている．日持ち向上剤という表示はなく，物質名のみ（例：グリシン，酵素（卵由来））が記載される．

外国産の果物は長時間の輸送・保蔵中にカビが発生しやすいため，収穫後に農薬が散布される（**ポストハーベスト農薬**）．これをわが国では**防かび剤**といい，食品添加物として扱われ，かんきつ類，バナナにのみ使用が認められている．防かび剤として使用したイマザリル，オルトフェニルフェノール（OPP），ジフェニル，チアベンダゾール（TBZ）については，ばら売りであっても使用した物質名を表示する必要がある．

酸化防止剤はジブチルヒドロキシトルエン（BHT），ジブチルヒドロキシアニソール（BHA）のような合成化合物が利用されていたが，L-アスコルビン酸（ビタミンC），トコフェロール（ビタミンE）などのビタミン類，カテキンなどの天然化合物の利用が増加している．ビタミン類は栄養強化の目的であれば表示しなくてもよいが，酸化防止剤として使用した場合は表示しなければならない．

演習 3-1 冷凍および冷蔵方法の分類について述べよ．
演習 3-2 凍結および凍結保蔵による品質劣化を防ぐ方法について述べよ．
演習 3-3 食品の各種保蔵方法について項目を挙げ，それぞれについて簡潔にまとめよ．
演習 3-4 具体的に1つの食品を挙げ，保蔵時の変化や保蔵方法について調べよ．

4. 食品加工の方法と原理，技術

　食品には，五大栄養素だけでは得られない生理作用をもつ食品成分の存在が明らかとなり，生活習慣病などの疾病を予防するなどの望ましい機能が期待されている．これらは「食品の三次機能」といわれ，食材・食品の栄養性，嗜好性，保蔵性を高めると同時にそれらの生理機能を生かすように食品の加工がなされる場合もある．一方，食品には有害な成分が含まれている場合もあり，有害成分の除去のために加工される場合もある．さらに，これらの機能性の改善に必ずしも結びつかない場合でも，消費者の利便性を高めるために加工される場合もある．この章ではこれらの食品加工法を概説する．

　ここで食品加工法は物理的，化学的，生物的な3つの方法に分類されるが，実際に現場で用いられる食品加工は，いくつかの方法が組み合わされる場合や，同じ処理が複数の目的に用いられる場合があるため，あえて重複を避けず説明を行う．

4.1 前処理

A. 選別

　食品として適合するものを選択したり，製品の規格に合わせるために分別する操作を選別という．選別は食材の加工適性を判断し選び出すという非常に重要な過程である．具体的には農産物の場合は未熟なもの，腐敗したもの，害虫，害獣などによる食害や糞などの汚染がないことが検査される．また，製品の品質，規格に合わせるために色，形，大きさなどの外観，および糖度，成熟度などが調べられる．畜産物の場合は屠殺前に病気の有無，肥育度などが検査される．水産物の場合も寄生虫または病気の有無，成熟度，漁獲法，鮮度などが検査される．特に水産物の場合は同一種の場合でも鮮度，漁獲法により商品価値が大きく異なる

図 4.1 選別，洗浄，剥皮

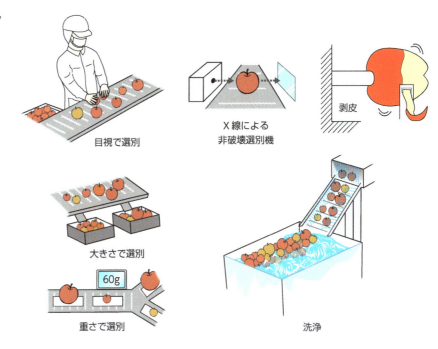

ため選別が重要である．

選別法にはおもに非破壊的な方法と，一部の標本を破壊して調べる方法がある（図4.1）．**非破壊法**は，重量，大きさ（ふるい分けなどによる），重さによる選別のほか，外見，触感による選別が行われている．また，近赤外線吸収による糖度，水分の非破壊測定や，磁場やX線による異物混入検査が行われている．**破壊法**としては，味などによる直接選別，糖度計，液体クロマトグラフィー–マススペクトロメトリー（LC-MS）などによる測定が行われている．また，牛海綿状脳症（BSE）の感染の有無には，酵素分解と組み合わせた**抗体法**による検出法が行われている．

LC-MS：liquid chromatography–mass spectrometry

B. 洗浄

選別された食材は**洗浄**により夾雑物，微生物などを除くことができる．洗浄に

選別法の課題として，比較的高価な食材に対する非破壊法の確立と，勘と経験に頼ってきた官能的検査法を大量処理が可能な評価法へと変換されることがある．一例としてマグロ類は1尾がかなり高価であるが，時として寄生虫により商品価値が著しく低いものが見られる．これらは外見からは見分けることが極めて困難であるため問題となる．市場ではこのような「事故」に対応するための保険がある．

は浸漬法，ハケやブラシなどを用いる方法，超音波の利用，高圧空気により夾雑物を吹き飛ばす方法(イチゴなど)がある．

選別・洗浄以外にも，目的の加工操作の前に食品の劣化を抑制し，目的とする操作を効率よく行うための処理をする場合がある．野菜の乾燥・凍結の前の短時間の加熱処理によるポリフェノールオキシダーゼなどの内因性酵素の失活(**ブランチング**)がこれに相当する．

4.2 機械的な外力による加工

A. 剥皮

皮を除く操作を**剥皮**(はくひ)という．刃物を利用する方法（リンゴ，魚など），ブラシで擦(す)りとる方法（いも類など），ロールに皮を巻きとる方法（エビ，牛や豚のと殺体など），圧縮空気を用いる方法(タマネギなど)，加熱により皮を膨化させたのちに機械的な力を利用する方法（モモなど）がある．ロールの利用では魚肉などをロールで押しつぶし，つぶれない皮とすり身を分ける方法もある．また，機械的な力の利用ではないが，酸，アルカリ，酵素によるペクチンの可溶化を利用した果物の剥皮法もある．

B. 切断

切断はおもにナイフ，回転刃により行われる．ずり応力による切断は**剪断**(せんだん)という．凍結した食品を衝撃力で切断する場合もある．

C. 粉砕

原料に機械的な外力を加えて細粒化する操作を**粉砕**という．ロールミルなどを用いた圧縮(穀類，香辛料)，剪断ロールなどを用いた剪断力(チーズ)，杵(きね)，ハンマーミルなどを用いた衝撃，摩擦による粉砕（エンバク粉）を行う．常温では粘弾性が高く粉砕しにくい食品にも応用可能な方法として**凍結粉砕法**がある．これは食品を液体窒素で凍結することで食品をもろくしておき，ハンマーミルで粉砕する方法である．この方法は食品の味，香りの損失を抑えることができるが，コストが高いのが欠点であり，比較的付加価値の高い食品の粉砕に用いられる．

乳鉢と乳棒などを用いて摩擦と圧縮によりすりつぶす操作を**擂潰**(らいかい)といい，練り製品を練るときに擂潰機を用いる．また，石臼(いしうす)のように剪断力と摩擦を利用して磨砕を行うもの，肉類のミンサーのように圧縮と剪断力を用いるもののように，実際には複数の機械的な力による粉砕機が用いられることが多い．

D. 混合，混捏

2つ以上の食品を均一にすることを混合，小麦粉と水を混ぜてドウ（生地）をつくる場合のように混ぜてこねることを混捏という．

E. 造粒

一般に0.1 mm以下の粒子を粉といい，それ以上を粒という．粉末食品を水に溶かしたときに均一化が困難になる場合がしばしば見られる．粉末食品の溶解性および包装性を改善するために顆粒にする操作を造粒という．

造粒の方法としては撹拌や振動を加えることで粉体を凝集させる方法と，粉体を圧縮成形したものを粉砕する方法がある．また，機械的な外力を用いるものではないが，凍結乾燥，スプレー乾燥法により乾燥と同時に造粒する場合もある．また粉体にもろさを与えるためにゼラチンなどが添加される場合もある．

4.3 分離，濃縮

食品中の特定の成分を分離したり濃縮する場合がある．おもに物理的な原理に基づくものとしては，篩別，圧搾・圧縮，遠心分離，蒸留，加熱による蒸発濃縮，凍結濃縮，濾過などがある．

(1) 篩別 粒子の大きさによるふるい分けであり，穀類の粉砕後によく用いられる．

(2) 圧搾，圧縮 圧力をかけて固体と液体を分離する方法であり，ジュースの製造や，ゴマ，ナタネなどからの採油などに用いられる．

(3) 遠心分離 比重の差を利用する分離法であり，飲料の清澄化，デンプンなどの回収のように固形分の液体からの分離と，クリームの分離のように液体と液体の分離にも用いられる．この場合は，原料乳を連続的に回転するローターに注入し，クリーム層と脱脂乳層に分離する（図4.2）．固・液分離の場合をクラリファイア（清澄機）といい，液・液分離をセパレーター（分離機）という．

(4) 蒸留 蒸留とは液体を熱して気化させ，出てきた蒸気を冷却して，再び液体とすることである．多成分の混合溶液を熱し，沸点の違いを利用して各成分を分離することができる．蒸留は1度目は初留，2度目は再留と呼ばれる．蒸留法には単蒸留，蒸留を繰り返して各成分の分離を高める分別蒸留，減圧下で蒸留する減圧蒸留（真空蒸留），蒸気圧の高い物質を水蒸気とともに留出させる水蒸気蒸留（食用油の精製など）などがある．

蒸留には単式蒸留と連続式蒸留の2つがある．単式蒸留では蒸留器に入れた分

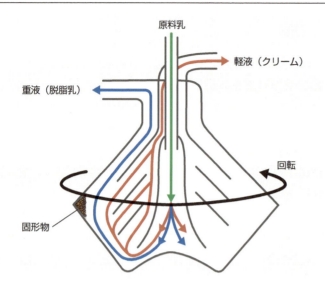

図 4.2 クリームセパレーターの概念図
原料乳は遠心力により軽液(クリーム)と重液(脱脂乳)に分離され,異なる出口から回収される.

だけを,1回ずつ蒸留する.1度目の蒸留は初留,2度目は再留という.連続蒸留は原料を蒸留器に連続的に供給しながら,一定の温度で液体に戻った画分を集める.連続蒸留は単蒸留に比べて,大量の原料を効率よく蒸留・精製できる.

(5) 凍結濃縮 食品中の水を氷として析出させ,未凍結部の液層に目的成分を濃縮する方法である.おもに果汁の濃縮に用いられる.自由水が結合水より凍結しやすい性質の利用である.

(6) 濾過 基本的には固体と液体を多孔質の膜で分離する方法である.ジュース,アルコール飲料の清澄化・除菌によく使われる.さらに細かい孔をもつ限外濾過膜を使用すれば溶解している酵素タンパク質の除去や,逆浸透法による溶質の濃縮も可能である(表4.1).食品の濾過には目詰まりをいかに防ぐかが,非常に重要である.珪藻土(セライト)などの濾過助剤が必要な場合が多い.

陽イオン交換膜および陰イオン交換膜で液体に溶けた成分を仕切り,直流電圧をかけると特定のイオンが濃縮または除去できる.この方法を電気透析といい,食塩の製造や減塩醤油の製造に用いられている.膜分離に関しては4.13節で詳細に述べる.凍結濃縮および膜分離は濃縮に際して加熱操作の必要がなく微生物

膜の種類	孔径と対象	用途
精密濾過	$0.1 \sim 10\ \mu m$ 固形物・細菌の除去	ビール,ジュースの清澄化,殺菌
限外濾過	$0.1 \sim 0.001\ \mu m$ 溶液状態の高分子化合物およびウイルスの除去	牛乳の濃縮 飲料中の酵素の除去
逆浸透	1 nm 以下 加圧により水のみを通過	トマトジュースの濃縮 チーズホエイの濃縮

表 4.1 膜分離の種類と用途

汚染や香気成分の損失が少ない．

(7) その他　その他の物理的な分離法として，活性炭などを用いた吸着による臭気成分や着色成分の除去，果糖(フルクトース)とブドウ糖(グルコース)の分離などに配位子交換クロマトグラフィーが用いられている．通常の液体クロマトグラフィーと異なり，連続分離が可能な擬似流動床方式のクロマトグラフィー装置が用いられる．

4.4　溶解，抽出

溶解，抽出は，分離・濃縮を目的として，溶媒を用いた物理的な加工法である．**溶解**は特定の成分を溶剤に溶かす操作である．デンプンのように水中で加熱すると溶解するもの，果実の内皮のペクチンのように酸，アルカリで溶解させる場合もある．また，魚肉や食肉の練り製品に加える食塩は，調味のためだけではなく塩溶性タンパク質であるミオシン，アクチンなどを溶解させてゾルを形成させるために加える．ブドウの皮の紫の色素は水には溶けにくいが，アルコール発酵によりワインになると溶解する．

溶剤を用いて食品原料から目的の成分を溶かし出す操作を**抽出**という．溶剤としては水，塩溶液，エタノールがおもに用いられる．使用基準のある溶剤としてはアセトン(ガラナ豆のエキスの抽出)，n-ヘキサン(植物性油脂の抽出)がある．また二酸化炭素を高圧にした**超臨界ガス**(コーヒー豆からカフェインの抽出)を用いる方法もある．また，キャッサバ中の青酸配糖体(リナマリン)を水さらしで除去するなど，望ましくない成分を食品から抽出除去する場合もある．

4.5　凝固，沈殿，ゲル化

液体またはゾル状の食品原料が固体になる場合が**凝固**で，固体と水に分離する場合が**沈殿**である．凝固物が水を保持し弾力のある固まりになる場合は**ゲル化**という．ジャガイモをすりつぶして水中に放置するとデンプンが沈殿する．このように特別な操作を行わず特定の成分を沈殿させる場合もあるが，溶解している成分を凝固，沈殿，ゲル化させる場合もある．そのような現象のメカニズムは多様であるが，加熱または冷却によるタンパク質立体構造の変化によるもの(卵白，ゼラチンなど)，タンパク質の**等電点沈殿**によるもの(大豆タンパク質，牛乳タンパク質)，酵素反応によるもの(チーズの製造)，金属の添加によるもの(にがり，すまし粉による豆腐の製造など)，多糖類のゲル化剤(寒天など)を利用する場合に大別される．

4.6 加熱，乾燥

　加熱は微生物の殺菌・滅菌，食品中の酵素の失活，乾燥による濃縮および食品としての素材適性を増すことを目的に行われる．加熱の方法としては湯煮，蒸煮*，焼く，揚げる，焙焼（ふく射熱利用），赤外線加熱，マイクロ波加熱などの方法がある．加熱により食品中のデンプンの糊化，ペクチンの可溶化，タンパク質の変性，脂肪の溶解，糖アミノ反応などによるフレーバーや着色物の生成が生じ，その結果，消化吸収の向上，フレーバー，色，テクスチャー（食感）の改善が多くの場合見られる．

　乾燥には自然乾燥（陰干し，天日干し）と人工乾燥法がある．乾燥により水分活性が低下し，一般に保蔵性がよくなる．自然乾燥は一般にエネルギー消費量は少ないが乾燥による風味やテクスチャー変化が大きい．干しシイタケ，カンピョウなどでは自然乾燥による変化が好ましい風味やテクスチャーを与えている．

　人工乾燥は常圧乾燥と減圧または加圧乾燥に大別される．常圧乾燥は加熱，送風などにより乾燥させる．自然乾燥に比べ加熱乾燥および凍結乾燥ではデンプンの老化が抑えられる．

　棚に食品を載せた台車を熱風が通っているトンネル中を移動させ連続的に乾燥させるトンネル式乾燥法，バッチごとに乾燥させる通風箱型乾燥法などが固形食品の加熱乾燥によく用いられる．穀類のように粒状の食品の乾燥には下から熱風を送り，気体に粒子が支えられた状態で乾燥する流動層乾燥法が用いられる．果汁やマッシュポテトなどの粘性の高い液体やペースト状の食品の加熱乾燥には，大豆タンパク質などの泡安定剤を加え泡沫状にすることで，表面積を増大させ，多孔質の移動板の下から熱風を吹き上げ乾燥するフォームマット乾燥法，または加熱したドラムの表面で連続的に乾燥するドラム乾燥法が用いられる．コーヒーなどの液体食品の乾燥には噴霧乾燥法（スプレードライ）がよく用いられる．この方法は 150 〜 200℃の熱風中に食品を霧状に噴霧し，短時間で乾燥させる方法である．

　減圧下では 100℃以下で水が沸騰するため乾燥が促進される．真空度を高める（4.7 mmHg 以下）と，水は氷のまま蒸発する昇華現象が見られる．この現象を利用したものが真空凍結乾燥法（フリーズドライ）である．食品を凍結し，真空で氷を昇華させる．昇華した氷は冷凍機でトラップし，真空ポンプの負担を軽減する．真空凍結乾燥法は食品の復元性に優れ，インスタント麺やスープの具材の製造に利用されている．

　加圧乾燥法では食品を耐圧性容器中で加熱により加圧後，急激に大気圧に戻す

殺菌とは大部分の菌を殺すことであり，滅菌とは胞子を含めすべての菌を殺すことである．

*「じょうしゃ」ともいう．

と食品から水分が急激に蒸発する．この方法で乾燥した食品は多孔質となる．エクストルーダーによるパフの製造もこの原理による．

その他の乾燥法として脱水シートの利用（魚の干物），凍結融解によるドリップ（凍結食品から分離溶出した液汁）の除去（寒天）などが用いられている．

4.7　酸・アルカリ処理

食品の保蔵性の向上のためにpHを3前後の酸性にした食品が酢漬け食品である．また，タンパク質を等電点沈殿させるために酸が加えられる場合がある（ヨーグルトなど）．一方アルカリ処理は，ゲル化（コンニャク，ピータン），可溶化（牛骨中からゼラチンを可溶化するための水酸化カルシウム処理，褐藻からのアルギン酸ナトリウムの抽出），発色（かん水で小麦のフラボノイドを発色させた中華麺）などで行われる．酸処理には酢酸，乳酸，クエン酸，リンゴ酸などが用いられ，アルカリ処理には水酸化カルシウム（消石灰），灰汁，水酸化ナトリウム，炭酸ナトリウムなどが用いられる．

4.8　酸化，還元

食品の加工中に脂質の酸化が生じる場合があるが，ほとんどの場合は意図したものではない．むしろ望ましくない反応であることが多く，酸素の除去または酸化防止剤が用いられる．近年では天然の酸化防止剤であるL-アスコルビン酸（ビタミンC），α-トコフェロール（ビタミンE）が用いられることが多い．また，酸化を促進する金属イオンを不溶化し，酸化を抑制するために，キレート能力のあるフィチン酸を抗酸化の目的で用いる．食品の加工中に生じるタンパク質のSH基の酸化によるジスルフィド結合（S-S結合）の生成は，小麦のドウや魚肉練り製品などのタンパク質食品のテクスチャーの発現に寄与するとされている．そのため酸化剤として，小麦のドウに臭素酸カリウムが添加される場合がある．

植物性の油脂は不飽和脂肪酸を多く含むため液状油である．この液状油にニッケル化合物を触媒として水素を添加（還元）すると飽和度が高まり，融点が上昇し常温で固体となる．このような油脂を硬化油といい，「食用精製加工油脂」と表示するようになってきている．マーガリンやショートニングは，これを原料にして製造される（14.3節参照）．

4.9 乳化

乳化とは，水と油のように互いに混じり合わない液体を均一に分散させることをいう．均一に分散した相をエマルションという．乳化のためには親水性部分および親油性部分を同一分子に含む乳化剤を用いる．乳化剤には天然物としてはリン脂質のレシチン，合成物としてはグリセロール（グリセリン）脂肪酸エステル，スクロース脂肪酸エステルなどが用いられている（表4.2）．エマルションにはマヨネーズなどのように水の中に油粒子が分散した水中油滴型(O/W型)，マーガリンなどのように油中に水が分散した油中水滴型(W/O型)などがある．

4.10 食品添加物の利用

長年使用された実績があるもの，および一般に食品として認められているもの以外を添加物として使用する場合には，天然物，化学合成品のいずれも食品衛生法に基づき安全性と有効性を確認する必要がある．食品添加物を使用目的別に考えると，食品の製造や加工のために必要なもの，食品の風味や外観をよくするためのもの，食品の保蔵性をよくし食中毒を防ぐもの，食品の栄養素を強化するものに分類される．食品の製造のためおよび風味や外観をよくするために必要な食品添加物を表4.2に示す．食品の保蔵性をよくし食中毒を防ぐための食品添加物は3.8節を参照のこと．

最終製品から除かれるものは加工助剤・製造用剤として分類されている．また，食品添加物として認可されていても使用用途，対象食品，使用量の最大限度，および個別の使用制限が規定されている．

4.11 酵素の利用

酵素は，化学反応に比べ穏やかな条件で迅速に特異的な反応を起こす．また，最近は遺伝子組換えにより酵素を比較的安価に製造する方法も確立されつつある．今後の機能性食品の製造などにも利用頻度が増すと考えられる．表4.3によく使われる酵素を挙げる．微生物を用いた発酵も微生物が生産する酵素の利用例の1つである．近年，微生物が利用されていた加工に直接酵素が添加される場合もある（酒造の糖化過程で直接アミラーゼが添加される場合がある）．また，100℃を超え

表 4.2 食品加工に用いられる食品添加物の例

分類	細分類	おもな目的	例
食品の製造や加工に必要なもの	酵素	次項で説明	
	加工助剤・製造用剤	食品の加工に必要であり，最終製品から除去されるか，食品中に通常存在する形に変化し，その食品に影響しないもの	濾過助剤（珪藻土など），抽出溶媒（ヘキサンなど），イオン交換樹脂，消泡剤（シリコーン樹脂）など
	pH調整剤	食品に酸味を与えない程度で適切なpHに保つ	有機酸，リン酸，それらの塩
	かん水	グルテンの食感改善，フラボノイドの発色	炭酸カリウム，炭酸ナトリウム，リン酸ニナトリウムなど
	結着剤	ハム・ソーセージ，水産練り製品，麺類の組織の改善	正リン酸塩類，重合リン酸塩類
	豆腐用凝固剤	豆乳を凝固させる	グルコノデルタラクトン，塩化マグネシウム（にがり），硫酸カルシウム（すまし粉）
	ゲル化剤	液体食品をゼリー状に固める	ガラゲナン，ペクチンなど
	乳化剤	食品の乳化および起泡のために使用	グリセリン脂肪酸エステル，スクロース脂肪酸エステル，サポニン，レシチン
	イーストフード	パン・菓子の製造でイーストの栄養源として利用	塩化アンモニウム，塩化マグネシウム，炭酸アンモニウム，炭酸カルシウムなど
	膨張剤	蒸し菓子，焼き菓子の膨化	炭酸水素ナトリウム，グルコノデルタラクトン，硫酸アルミニウムカリウム
	ガムベース	チューインガムの基剤	酢酸ビニル樹脂，チクルなど
食品の風味や外観をよくするためのもの	甘味料		アスパルテーム，アセスルファムK，サッカリン，キシリトールなど
	調味料		アミノ酸，核酸有機酸，無機塩
	酸味料		クエン酸，酒石酸，乳酸
	苦味料		カフェイン，ナリンギン
	着色料	色調の調整．ただし鮮魚介類，食肉，野菜には使用できない	アナトー色素，コチニール色素，食用タール系色素など
	発色剤	食品中の色素と反応してその色素を安定化したり，新たに安定な色素を生成させる．ただし生鮮食肉，魚介類には使用できない	亜硝酸ナトリウム，硝酸ナトリウム，硝酸カリウムなど
	漂白剤	食品の色調を整える	亜塩素酸ナトリウム，亜硫酸ナトリウムなど
	香料	香気を付加する	アセト酢酸エチルなどの合成香料，天然香料
	増粘剤	食品に粘性を与え，食品を均一に安定させる	カルボキシメチルセルロース（CMC），キサンタンガム，グアーガム
	光沢剤	食品の保護と光沢を与える	シュラック，パラフィンワックス，ミツロウ

る条件で活性をもつ酵素や，酵素を固体に固定化して安定性や効率を高めた**バイオリアクター**も実用化している．

　食品中には酵素が存在する．多くの場合，食品中の酵素は食品を変質させるが，

表 4.3 食品加工に利用(添加)されている酵素とその用途
*その他,還元糖,オリゴ糖などの製造に多種の酵素が利用されている.

	酵素	用途
糖関係*	アミラーゼ	デンプンの液化,水あめの製造
	グルコアミラーゼ	グルコースの製造
	グルコイソメラーゼ	異性化糖(ブドウ糖果糖液糖)の製造
	ラクターゼ	ラクトースの分解
	グルコースオキシダーゼ	グルコースを分解しメーラード反応を抑制し,乾燥卵白の着色抑制
	ペクチナーゼ	果汁清澄化
	シクロデキストリングルクノトランスフェラーゼ	シクロデキストリンの製造,カップリングシュガーの製造
	インベルターゼ	転化糖の製造,フラクトオリゴ糖の製造
タンパク質関係	プロテアーゼ	チーズの製造,アスパルテームの製造,ペプチドの製造,ビールなど液体食品の濁り除去など
	トランスグルタミナーゼ	タンパク質間に架橋を形成することで,水産練り製品,麺類の食感の改善
核酸関係	5′-ホスホジエステラーゼ	核酸系調味料の製造
	アデニル酸デアミナーゼ	核酸系調味料の製造
脂肪関係	リパーゼ	ミルクフレーバーの製造,機能性油脂の製造

> 酵素の食品加工への利用は意外に古くから行われている.遊牧民がミルクを牛の胃に入れて運搬していたところ胃の凝乳酵素によりミルクがチーズに変化した.また,イモ,トウモロコシのデンプンを唾液のアミラーゼで糖化してつくる口噛み酒などの例がある.

食品中の酵素を食品加工に利用する場合もある.その一例として,麦芽中のアミラーゼを利用したデンプンの糖化反応,茶葉中の酸化酵素による紅茶の製造などがある.食品加工ではないが,ダイコン,ワサビ,ニンニクの香気・臭気の発現,レンコン,サトイモ,リンゴの変色にも食材中の酵素が関与している.

4.12 微生物の利用

微生物も古くから発酵食品を生産する食品加工に利用されている.食品加工に用いられる微生物は真菌類のカビ,酵母と細菌に分類できる.表4.4におもに用いられる微生物と発酵食品を示す.微生物を食品の加工に利用する場合,納豆のように単独の菌を利用する場合と清酒(コウジカビ,酵母,乳酸菌),チーズ(種々のカビ,乳酸菌)のように複数の微生物を混在させて利用する場合がある.酵母のRNAそのものを直接核酸調味料の出発材料とする場合もある.個々の食品製造につい

表 4.4 食品加工に利用されるおもな微生物とその用途（発酵食品）

	微生物	学 名	用途（発酵食品）
カビ	コウジカビ	Aspergillus oryzae	味噌, 清酒, 食酢の製造
		Aspergillus sojae	醤油の製造
		Aspergillus glaucus	かつお節の製造
	クモノスカビ	Rhizopus 属	テンペの製造
	ケカビ	Mucor 属	中国酒の製造
	アオカビ	Penicillium 属	チーズの製造
酵母		Saccharomyces cerevisiae	ビール, 清酒, ワイン, パンの製造
		Saccharomyces rouxii	味噌, 醤油の製造
細菌	納豆菌	Bacillus natto	納豆の製造
	酢酸菌	Acetobacter aceti	食酢の製造
	乳酸菌	Lactobacillus delbrueckii	ヨーグルトの製造
		Streptocuccus thermophilus	ヨーグルトの製造
		Streptocuccus lactis	チーズの製造（スターター）

ては第2編を参考にされたい.

4.13 加工技術

A. エクストルーダーの利用

　エクストルーダーとは押出し成形機のことで，原理的に新しい機械ではないが，さまざまな食品の加工に利用され始めたのは近年のことである．一軸エクストルーダーの構造を図4.3に示したが，スクリュー軸どうしを平行に噛み合わせた二軸エクストルーダーも開発されている．二軸型はギヤーポンプのような機密性が得られるので，従来の一軸型では困難であった水分や油脂分の多い原料あるい

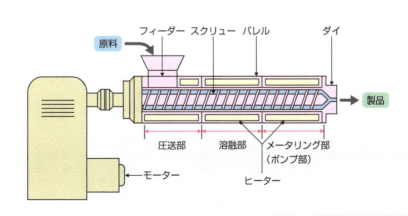

図 4.3　一軸エクストルーダーの基本構造
装置はフィーダー（原料供給部），バレル（外胴部），スクリュー，ダイ（金型），ヒーター（加熱/冷却部）およびモーター（動力部）から構成されている．食品の混合，粉砕，加圧，加熱，成形，組織化などを1台で効率よく行うことができる.

は高粘度の原料の加工を可能にした．

　投入して数分後には製品となって出てくるのがエクストルージョンクッキングの大きな特徴であるが，エクストルーダー内で粉体あるいは流体原料は，高圧下（通常100〜500 kg/cm^2）で回転（200〜300 rpm）しながら移動する．

　移動の摩擦熱は加熱調理にも役だつが，装置内の温度は（120〜200℃）に制御されている．移動の間に混合，剪断(せんだん)（平行で向きが逆の力），圧縮といった機械エネルギーと熱エネルギーが同時に加わるので，デンプンの糊化やタンパク質の変性といった加熱調理が短時間に進む．原料によっては，押し出されると同時に膨化し，冷えて固化成形されるものもある．このようにエクストルーダーは，原料から製品までの工程を1台で連続的に行うことができ，生産に費やす時間，エネルギー，労働力，スペースを大幅に省けるので，第一次石油危機（1973〜1974年）を契機に先進工業国の間で急速に普及した．

　エクストルーダーは，従来からパスタやペットフードの加工に利用されてきたが，膨化スナック菓子などの新たな加工食品を生み出した．工程の省略や発酵時間の短縮を目的に加工原料の前処理に利用されたりもしている．また大豆タンパク質のように，油をとったあとの脱脂粕を層状や繊維状に改良するのにも利用され，油糧(ゆりょう)種子タンパク質の加工用途を広げるのに役だっている．

B. 膜の利用

　生体膜は半透膜で選択透過性を示す．つまり膜には微細な"孔"が開いていて物質の透過性は孔径の大きさで決まる．近年，孔径が均一で細胞膜よりはるかに強靭な人工膜が開発され，混合溶液やコロイドから目的物を選択的に分離するのに利用されている．また，乳化技術の面でも膜を利用した新たな展開が見られる．

a. 分離濃縮への利用

　膜処理技術は，膜の孔径や特性により表4.5のように分類される．

　膜を利用して分子をこし分けるには高い圧力が必要で，限外濾過法で3〜10 kg/cm^2，逆浸透圧法では通常50〜100 kg/cm^{2}の操作圧力が加えられる．

　図4.4には逆浸透圧法の原理を示したが，膜は水分子の透過性をよくするため

表4.5　膜を利用した濾過技術と実用化例

濾過法	逆浸透	ナノ濾過	限外濾過	精密濾過	電気透析
分離目的物	水	分子量100〜数千の低分子物質	分子量1000〜数十万の高分子物質	粒径0.1〜数μmの微生物および微粒子	電解性物質（塩・酸）
実用化例	海水の淡水化 野菜および果汁濃縮 チーズホエイ濃縮など	オリゴ糖の分画 調味液やチーズホエイの濃縮および脱塩など	チーズホエイのタンパク質濃縮 果汁の清澄化 生酒の除菌および除タンパク質など	生ビールの除菌 ミネラルウォーターの除菌 醤油の除菌および清澄化	食塩製造 海洋深層水の脱塩 ホエイの脱塩など

図 4.4 逆浸透圧法の原理

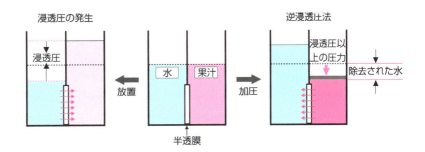

に可能な限り薄膜にし，かつ有効膜面積を広くとれるように工夫されている．膜を用いた濃縮操作や単離操作は，圧力を利用するだけで，熱を加えたり，処理過程での熱の発生がない．したがって，エネルギー消費を減らせるだけでなく，熱処理に伴う食品の色，味，香り成分の消失や分解を防ぐことができる．実際，生ビールの無菌濾過や，果汁の濃縮には欠かせない技術である．また，食品工場で生じる廃液の処理にも応用される．

b．乳化技術への利用

エマルション粒子の大きさと均一性は，乳化の安定性に大きく影響する．**多孔質膜**（SPG膜，主原料は火山灰（シラス））を乳化器として利用することにより，粒子径の均一な微小エマルションが得られるようになった．膜乳化器の概念図を図4.5に示した．均一な孔径を有する多孔質膜を円筒状にし，分散相となる液体を外側から加圧すると，分散相は膜を透過して瞬時に筒内の連続相に分散する．脂肪量が25％の低脂肪マーガリンは，従来，乳化の転相が起きたり水滴分離を起こして製品化が難しかったが，膜乳化法の技術で実現した．

SPG：shirasu porous glass

図 4.5 膜乳化器と乳化形成の模式図

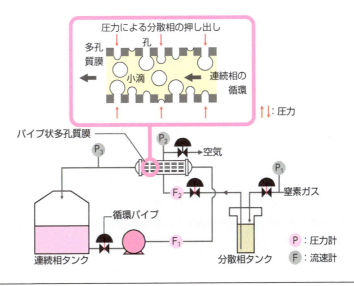

C. 超臨界ガスの利用

　コーヒー豆からカフェインを分離除去するのに超臨界二酸化炭素が抽出溶媒として最初に使われ，その後ホップエッセンスの抽出なども実用化されている．超臨界ガスとは気体と液体の両方の性質をもつ状態にある高圧流体で，抽出溶媒として優れた性質をもつ．この性質を利用した食品成分の単離技術が普及してきた．使用される抽出溶媒はエタン，エチレン，二酸化炭素などであるが，引火性がなく，高純度なものを安価で得られることから液化二酸化炭素が一般に用いられている．有機溶媒による通常の抽出方法との違いを表4.6に示した．

　超臨界ガス抽出の問題点は，高圧装置を必要とするので製造コストが高くなることや，用いる溶媒の特性から極性の強い（水に溶けやすい）成分の抽出が困難なことなどが挙げられる．このため，香料，天然色素，スパイスなど付加価値の高い成分の抽出に限られている．

表4.6　有機溶媒法と超臨界ガス抽出法の比較

特性	有機溶媒	超臨界ガス
選択性	溶媒の溶解力が強いので不必要な成分まで抽出してしまう．→精製処理を必要とする	圧力や温度の制御により流体の密度を変えられる．→目的物だけを抽出できる
溶媒の回収	溶媒を分離回収するのに加熱蒸留が必要で，これによる抽出物のロス，品質劣化，溶媒残留，さらには消費エネルギーの増大がある	溶媒の回収は，系の圧力を下げるだけでほぼ完全に分離できるので蒸留操作がいらない
製品の品質	抽出および溶媒除去の際の加熱による劣化が大きい	抽出および溶媒除去に熱を加えないので，品質の劣化が小さい

D. 超高圧の利用

　食品原料に常温で1,000気圧もの高圧を負荷すると，加熱調理したときと同じような効果が現れ，同時に殺菌効果も得られる．この技術によれば，熱を使わずに調理と殺菌処理が可能となり，各食品のもつ固有の風味成分をほぼ完全な状態で保持できるだけでなく，加工に要するエネルギーの大幅な節減が可能になる．

　超高圧処理には，ガス圧でなく静水圧が用いられる．水を数千気圧で圧縮すると体積は十数%ほど減少するが，気体が液化するときの体積変化（数千分の1に減少）に比べればわずかである．図4.6のように，水を満たしたシリンダーに生の殻付き鶏卵を入れてピストンを押し，室温下，6,200 kg/cm^{2}で10分間加圧すると，卵白と卵黄はゆで卵のように変性して凝固する．生肉，魚肉すり身，大豆タンパク質も同様に変性凝固する．デンプン質食品の場合，完全に糊化することはないが結晶化度が低下する．このため，糊化に要する熱を節約できたり，アミラーゼによる加水分解が速くなる．

　一方，殺菌装置としての用途も開けている．枯草菌は，腐敗菌の一種であるが

図4.6 鶏卵の高圧処理モデル

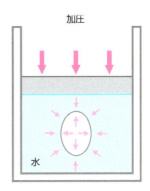

芽胞を形成するので熱耐性が強く，通常，100℃以上のレトルト殺菌が行われる．ところが，6,000 kg/cm^{2}の超高圧下では枯草菌は60℃でほとんど死滅する．超高圧下で酵素タンパク質や細胞膜中のタンパク質は，しだいに体積が小さく物理的強度の強い球形になると考えられる．これに伴って分子間や分子内の疎水結合や水素結合に不可逆的な変化が起こり，変性してしまう．

超高圧処理技術をいち早く取り入れて製品化したのがジャムやゼリーであったように，この技術の優位性は素材のもつ色・味・香りを完全なかたちで保持できる点にある．しかし，煮たり焼いたり炒めたりして初めて独特の色・味・香りがひき出される食品は少なくない．今後は，加熱処理を組み合わせた超高圧技術の発展も期待される．また，数千気圧に耐える装置は大型で高価になることや，処理工程がバッチ（回分）式で生産性の低いことが，普及を遅らせているようである．

E. 近赤外線の利用

果物の糖度選別機は光センサーの名で知られるが，正確には800〜2,500 nmの近赤外光を利用して糖分を非破壊的に検査する機器である．この技術は，糖質のアルコール基（−OH）が2,100 nm近傍の近赤外光を吸収する性質を利用したもので，吸光光度計の原理と類似する．検体を透過した光を測定するものや検体に当たって反射する光を測定するものがあるが，糖度は玉の大きさ，他成分の干渉による影響などを考慮し，統計的手法で作成した検量線から求められる．非破壊評価の技術は，糖度が加味された新たな等級・品質保証へとつながり，生産者の栽培技術の向上にも役だっている．

演習 4-1 食品成分の分離の方法について具体的な項目を挙げて述べよ．
演習 4-2 代表的な乾燥法を 3 つ挙げ，その方法について述べよ．
演習 4-3 食品加工における酵素の利用について述べよ．
演習 4-4 食品加工における微生物の利用について述べよ．
演習 4-5 食品加工で使用される膜の利用法について述べよ．

5. 食品の調理・加工に伴う食品成分の変化

　調理・加工方法には，加熱操作を伴わない，洗う，切る，混ぜる，こねる，ねかせる，さらす，する，あえるなどの方法，加熱操作を伴う，ゆでる，煮る，蒸す，炒める，揚げる，焼くなどの方法がある．この調理・加工の段階で食材にはさまざまな成分変化が起き，食品成分間にも反応が起きる．また，冷凍する場合にも変化が起こる．調理・加工時にはその目的に応じてさまざまな物質が加えられ，食品成分と反応する．

5.1　食感の変化

　小麦粉を水とこねたとき，こね上がりの状態は，**グルテン**の量によって異なり，グルテンが多いほど，弾力に富んだ生地ができる．グルテン量が少ない場合でも食塩の添加により，コシの強いものになる．これはグルテンを形成するグリアジンおよびグルテニンが中性塩の溶液には溶解しにくい性質をもつためである．
　食塩とかん水の小麦粉におよぼす影響を比較すると，小麦粉に水を加えた場合は足（伸び）はあるがコシ（弾力性）がない．食塩水を加えた場合は，コシは強くなるが足はなくなる．かん水の場合はコシも強く，足も長くなる．この違いがうどんとラーメンの麺の違いとなって現れてくる．

5.2　色の変化

　畜肉は加熱すると，**グロビン**の変性が起き，色は鮮赤色から褐色へと変化する（図5.1）．
　中華麺ではかん水を添加し，アルカリ性にすることで小麦粉中のフラボノイド色素を黄色化し，独特の麺の色と香りを与える（表5.1）．

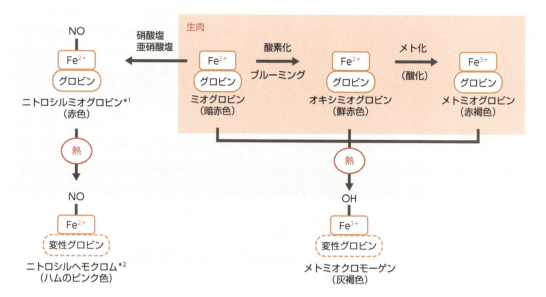

図 5.1 加熱加工によるミオグロビンの変色
＊1 旧称「ニトロソミオグロビン」，＊2 旧称「ニトロソミオクロモーゲン」，別称「ニトロシルヘモクロモーゲン」

　リンゴ，バナナ，ジャガイモなどの皮をむくと，組織が傷つけられ，組織に含まれるフェノール類が**ポリフェノールオキシダーゼ**の働きによって酸化され，次いで重合し褐色に変化する．これは**酵素的褐変**といわれる．ポリフェノールオキシダーゼはこの反応を触媒する酵素群の総称で，チロシナーゼ，クレソラーゼ，カタラーゼなどがある．酵素的褐変は紅茶やナツメヤシのように色，風味，芳香の付与に働く反面，品質の悪化につながる場合もある．

　レモンやグレープフルーツなどの果汁は，糖分と，アミノ酸やアスコルビン酸が反応して褐変を起こす．

　野菜や果物に含まれる色素成分である**クロロフィル**は比較的安定であるが，調理・加工時に変色が見られる．クロロフィルは，アルカリ条件で加熱すると，ク

表 5.1 植物性色素の変化と安定性

分類			色/色の変化			色の安定性				
			酸性	中性	アルカリ性	酸	アルカリ	熱	酸素	光
脂溶性	クロロフィル色素		熱や酸により，黄褐色になる		アルカリにより，鮮緑色になる	×	×	×	×	×
	カロテノイド系色素	カロテン類	黄橙〜赤色 pHの影響を受けない			○	○	○	×	×
		キサントフィル類								
水溶性	フラボノイド関連化合物	フラボノイド系色素	酸性では無色〜淡黄色		アルカリが強くなるに従い黄色が濃くなる			×	×	×
		アントシアニン系色素	赤，ピンク	紫	青	○	×	×	×	×

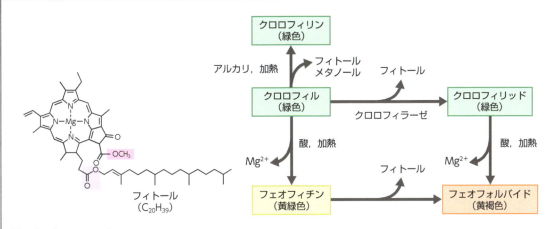

図 5.2　クロロフィルの変色

ロロフィリンが生成し，鮮やかな緑色になる．しかし，クロロフィルは酸に不安定で，構造の中心にあるMg^{2+}がH^+に置換することでフェオフィチン（黄褐色）に変化する．さらに反応が進むとフェオフォルバイド（黄褐色）に変化する（図5.2）．

エビやカニなどの甲殻類に含まれる**アスタキサンチン**は，通常はタンパク質と結合した状態で存在し，暗緑色をしている．しかし，ゆでると加熱によってタンパク質が変性し，アスタキサンチンが遊離し，酸化されて赤色のアスタシンに変化するため，鮮紅色に変化する．

フラボノイドはフェノール性水酸基をもっているので金属イオンと**キレート**（錯体）を生成する．色調は金属イオンの種類やpHによって異なる．

アントシアニンは**pH**によって色調が変化する．pH2～3ではフラビリウムイオンとなり赤色を呈するが，pH4～中性付近では不安定なアンヒドロベースになり，赤色～紫色を呈する．弱酸性ではシュードベースに変化し，無色になる．アントシアニンもフェノール性水酸基をもつので，金属イオン（鉄，スズ，アルミニウムなど）はアントシアニンとキレートをつくり，強い青色になる．この原理を応用して，ナスの漬物は"鉄クギ"や"ミョウバン"といっしょに漬け込み，きれいな青色に仕上げる．

5.3　味の変化

ワサビ，カラシ，セイヨウワサビ（ホースラディッシュ），ダイコンをすりおろすと辛くなる．辛くなるのは辛味前駆物質が**ミロシナーゼ**によって分解されるためである．**辛味前駆物質**とミロシナーゼは別々の細胞に存在するが，すりおろすと辛くなるのは，細胞がばらばらに壊れ，混ざり合い，化学反応を起こし，辛味成

分のアリルイソチオシアネート類が生成されるためである．ワサビ，カラシ，セイヨウワサビにはシニグリンが，ダイコンにはグルコシノレートが辛味前駆物質として含まれている．ダイコンでは辛味前駆物質は先端部分ほど含有量が多く，葉に近い部位の約10倍にもなる．辛味前駆物質は若いダイコンに多く，成長するにしたがって減少する．

5.4 ビタミン量の変化

ビタミンは光，熱，酸素（空気）によって分解されやすいものが多く，調理・加工で失われてしまう場合がある．その損失率は食材によって異なる．

大根おろしのビタミンC残存率は，すりおろし直後を100%とすると，10分後には85%，20分後には80%，60分後には76%，120分後には53%になる．レタス（1枚），ホウレンソウ，ハクサイ（1枚），せん切りニンジンを生で5分間水にさらしたときのビタミンC残存率は，それぞれ100%，80%，80%，70%である．ホウレンソウを1分，2分，3分，5分ゆでると，ビタミンC残存率はゆでる前を100%としたとき，74%，61%，48%，40%になる．

ニンジン，キュウリにはアスコルビン酸オキシダーゼというビタミンCを酸化させる酵素が含まれるため，いっしょに調理するとビタミンCの損失が起きる．また，ワラビ，ゼンマイ，コイなどの淡水魚，貝類にはアノイリナーゼというビタミンB_1を分解する酵素が含まれているため，いっしょに調理するとビタミンB_1の損失が起きる．

サツマイモやジャガイモなど，イモに含まれるデンプンはビタミンCを保護するので，加熱しても壊れにくいため，いも類のビタミンCは熱に強く，調理による損失が少ない．

ビタミンAやカロテンは，水には溶け出さないが，酸素や光，熱には不安定である．ビタミンDは，熱や酸化に比較的安定なので加熱などの調理や保蔵してもあまり分解されない．

5.5 ミネラル量の変化

もとの食品に豊富に含まれていても，食品が加工・精製されるにつれて，ミネラル含有量は減少する．玄米中のマグネシウムは精白米では半分以下になる．調理による損失も大きい．マグネシウムは調理（水洗いや蒸し煮）による流出損失が特に大きいことが知られている．米は精白し，水洗いした段階で，マグネシウムの

表5.2 食品の精製・調理によるミネラルの残存率（%）
―：測定なし

	カルシウム	マグネシウム	鉄
黒砂糖	100	100	100
黄褐色砂糖	4.9	8.2	38.3
精製砂糖	0.7	0.1	6.4
グラニュー糖	1.6	0.03	2.1
玄米	100	100	100
半つき米	80	―	72.7
7分つき米	70	―	63.6
白米	60	41.7	45.5
白米水洗い	―	5.7	―
白米飯	20	1.8	9.1

大部分は除かれてしまう．これを炊飯した「めし」では，ごくわずかしか含まれていない（表5.2）．

食品中のミネラルは，ビタミンなどのように保蔵あるいは加熱により分解されて失われるということはない．水洗い，あるいは蒸し煮したりするときに溶出し，その液を捨てることで損失が起こる．したがって，煮汁まで飲むような料理なら，ミネラルの損失は少なくなる．

5.6 冷凍による食品成分の変化

A. 組織の乾燥による酸化

冷凍下でも，温度や保蔵状況によっては乾燥や酸化が生じ，食品の品質低下をひき起こすことがある．冷凍食品の表面が乾燥して褐変（メイラード反応）したり，ぱさついた状態になる変化を「冷凍焼け」（油やけ）という．

特に高度不飽和脂肪酸を多く含む魚類では，脂質が酸化しやすい．サバは－18℃以下でも脂質の酸化は進んでしまうので，それを抑えるためにはより低い温度での保管が必要となる．豚肉や牛肉は，高度不飽和脂肪酸を少量しか含まないので，－20℃で9か月保蔵しても，ほとんど変化が見られない．

冷凍中の食品表面の乾燥を防ぐためには，食品の表面に薄い氷の皮膜（グレーズ）ができるように凍結する，「グレーズ」処理を施す．氷の皮膜から水分子が昇華している間は，食品自体の水分は保たれる．この処理は，空気との接触を遮断するので脂質の酸化防止にも効果的である．

B. タンパク質の変性による変化

　豆腐，卵黄や牛乳は，冷凍後解凍すると，ゲル化か凝固をひき起こす．畜肉や魚肉でも冷凍することで，保水性が低下して物性の変化が起こる．これらの変化は，冷凍によって自由水が減少し，タンパク質濃度が高まり，タンパク質との接近する分子数が増えて相互作用が増加したり，塩濃度が高まり，タンパク質が変化しやすくなると考えられている．

演習 5-1 肉色（ハムなどの加工肉を含む）の変化について述べよ．
演習 5-2 クロロフィルの色の変化について述べよ．

6. 流通における保蔵と食品成分

食品流通においては，安定的な供給，安全性および食品の鮮度や品質維持が求められる．

6.1 食品流通の概略

農産物の大半は，図6.1に示したように卸売市場を経由し，消費者のもとに届けられる．

生鮮食品においては，流通段階において鮮度を維持し品質劣化を防ぐことが極めて重要である．**コールドチェーン**とは，生産現場から消費者までの流通過程を切れ目がないように温度管理する物流システムのことである（図6.2）．

図6.1 食品の流通のおもな流れ

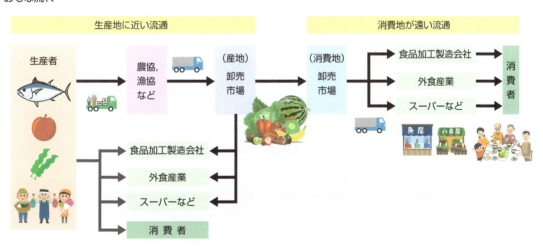

図6.2 コールドチェーン

デポとは小さめの物流拠点をいう．単に低温にするのではなく，商品にあった温度，湿度などの組み合わせが工夫されている．

6.2 流通における各種食品の食品・栄養成分変化

A. 米の流通と成分変化

米は籾の状態で収穫される．収穫された直後の籾は，水分を20～30%と多く含んでおり変質しやすいので，15%程度になるまで**乾燥**される．乾燥後は籾のまま保管され，出荷時において籾殻が除かれ，玄米として出荷される．玄米は袋に包装され，常温あるいは低温で倉庫に保蔵される．常温保蔵は，害虫の発生や温度上昇に伴い，米の品質劣化が大きい．低温保蔵は，冷却装置を用いて15℃以下に保ち，米の品質劣化を防ぐことができるので，近年では低温保蔵が増加している．

精米された米は，玄米よりも品質の劣化が早い．そのため，卸売業者あるいは小売業者により，販売される間際に玄米から精米に加工される．

B. 青果物の流通と成分変化

青果物は，収穫後も生命活動（呼吸，蒸散）を維持している．その活動が活発なほど，栄養成分は消費される．水分は減少し，品質劣化が起こる．したがって，呼吸や蒸散を抑制することが，青果物の鮮度保持に重要である．

収穫後に適切な低温に維持することで，青果物の呼吸速度は低下し，食品成分の変化を抑えられる．一般的には出荷前に5℃程度の**予冷処理**（出荷前の低温処理）を行ってから，保冷車や冷凍車を利用して低温流通を行う．たとえば，ホウレンソウを3℃に予冷した後に保冷車流通した場合のビタミンC含有量の減少は，低温流通しなかった場合に比べて抑制される（図6.3）．また，**MA貯蔵**により青果物を低酸素・高二酸化炭素環境下にすることで，呼吸を抑制する方法も利用されている．

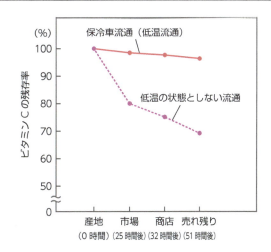

図6.3 予冷流通と室温流通におけるホウレンソウ中のビタミンC量の変化
［吉田企世子，調理科学，**26**，362（1993）より改変］

わが国では，検疫の関係で黄色く熟したバナナを輸入することはできない．緑色の未熟なバナナを輸入し，20℃前後の加工室にエチレンガスを注入・混入して3日間保管する．その後，加工室の扉を開けてさらに数日置くことで，黄色く熟したバナナに変化する(追熟)．

C. 魚介類の流通と成分変化

魚介類は死後変化が大きく，鮮度低下が非常に早いため，鮮度保持が重要な食品である．死後変化に影響を及ぼす最も大きい要因は，温度である．

港から遠く離れた海上で操業する遠洋漁業の場合は，漁獲した魚は船中の冷凍工場で急速冷凍される．マグロ漁船では，捕獲後に即殺してから血抜きをし，−60℃に急速冷凍される．−60℃の超低温で冷凍保蔵することで，長期間変色せず新鮮さを保つことができる．

冷凍せずに生のまま流通する場合は，「あげ氷法」あるいは「みず氷法」によって冷却されることが多い．「あげ氷法」は，砕いた氷に直接接触させて冷却し，発泡スチロール箱などに入れ冷蔵庫で保管される．「みず氷法」では，海水やうすい食塩水を入れた水槽に砕氷を入れて冷却保蔵される．

致死方法の違いによっても鮮度保持が大きく変わる．延髄を破壊することで暴れることなく即殺し，血抜きを行うことで，死後の鮮度が保持される(活けしめ)．また，流通時間を短くするため，航空便が利用されることもある．

演習 6-1 コールドチェーンについて述べよ．
演習 6-2 青果物の流通における保蔵法について述べよ．
演習 6-3 魚介類の流通における保蔵法について述べよ．

7. 食品の包装

　今日，食品売場には膨大な種類の食品が並び，季節や地域に関係なく望みの食品が入手できる．これは，食品の保蔵技術や流通環境の発達とともに，包装技術の進歩によるところが大きい．包装する食品自体の品質特性，保蔵環境あるいは保蔵期間によって，用いる包装材料は異なる．したがって，包装する食品自体の特性を知るだけでなく，包装材料や包装方法に関する知識を身につけることが重要である．

7.1 包装に関係する法律

　日本工業規格(JIS)によれば，包装とは物品の輸送，保管，取引，使用などにあたって，その価値および状態を維持するための適切な材料，容器，それらに物品を収納する作業ならびにそれらを施す技術または施した状態と定義されており，個装（物品個々の包装で，物品を保護し，商品価値を高めるための包装），内装（包装貨物内部の包装で，水，湿気，光熱，衝撃などを考慮した包装）および外装（包装貨物外部の包装で，記号や荷印を施した状態）の3種に細分されている．

　また，食品衛生法では，営業上使用する容器包装は，清潔で衛生的でなければならないとして，容器包装の規格・基準を定めている．プラスチック（合成樹脂）を使用した器具・容器包装の安全性を高めるため，2018年6月に食品衛生法が一部改正された．2020年6月からは原則としてすべての物質の使用を禁止したうえで，安全性を評価した物質のみを許可し，使用量などをリスト化したポジティブリスト制度が導入されることになった＊．

　「容器包装に係る分別収集及び再商品化の促進等に関する法律」（容器包装リサイクル法）は，対象となる容器包装廃棄物について過剰包装をしない排出抑制（リデュース），リターナブル容器や詰め替え容器による再使用（リユース），ごみの分別収集による再利用（リサイクル）を義務づけている（7.9節参照）．

＊ 2025年5月31日までは経過措置期間，6月1日以降は厚生労働省告示第324号（2023年11月30日）による食品，添加物等の規格基準の一部改正による．

7.2 包装の目的

　包装の目的には，①**変敗防止と品質保持**：光，湿度，酸素などによる脂質や色素など食品成分の化学的な変敗，吸湿や乾燥による物理的変質，微生物（細菌，カビ，酵母など）の増殖による微生物的変敗，ごみや微生物による二次汚染，および害虫，ネズミなどによる侵入を防止することにより食品の安全性と商品価値を維持する，②**物理的な破損の防止**：輸送・保管中の衝撃や外力による食品の変形や破損を防ぐ，③**作業性の向上**：保管，輸送，販売における作業性を向上させる，④**商品価値の向上**：デザイン（形態や印刷など）や機能（加熱，食器兼用など）の付与による商品価値の向上，⑤**表示**：原材料名，消費期限または賞味期限，栄養成分含量や包装材料などの商品情報の伝達などがある．

7.3 包装材料に求められる機能

　包装材料に求められる機能の7項目を表7.1に示したが，包装の目的以外の項目もある．これらの要件をすべて満たす包装材料は存在しないため，食品の種類や用途に応じて重要視する機能を絞り込み，目的に合った包装材料を選択する必要がある．

表7.1　包装材料に求められる機能
*食品と直接接触する包装容器から食品に移行した物質による健康被害を防ぐため，包装容器の原材料については食品衛生法に規格基準が設定されている（8.1 C.項を参照）．

品質保護性	光，酸素の遮断，臭気，水，微生物，ごみ，虫，ネズミなどの透過または侵入，香気成分の吸着を防止し，食品を保護すること
安定性	包装材料自体が光，温度（高温，低温，温度変化），酸素，pHなどにより変質しにくく，化学的，物理的な安定性が高いこと
安全・衛生性*	包装材料が有害な物質を含まず，包装材料の成分が食品に移行したり，食品成分と反応して衛生上の問題を起こさないこと
操作性	加工，保管，輸送時の取り扱いが容易で機械適合性がよいこと．軽量で物理的な強度が高く，密封・開封が容易であること．そのまま加熱できること
商品性	形態の自由度および透明性が高く，印刷性に優れること．開封しやすいこと．食器を兼ねたり，加温機能などの付加機能を有すること
経済性	生産しやすく，安価であること
環境保護性	生分解性または光分解性があること．リサイクルできること．焼却時に有害物質（ダイオキシンなど）の発生がないこと

7.4 包装材料の種類と特性（プラスチック以外）

　包装材料は，木や紙などの天然素材，ガラスや金属などの無機成分素材，ゴムや石油を原料としたプラスチック（p.58）などからなっており，それぞれに特徴があり，包装する食品の性質や保蔵条件に応じて選択される（図7.1，表7.2）．

A. 紙

　紙は，安価，軽量で，遮光性，柔軟性に富み，印刷しやすく，廃棄処理が容易という長所を有する．一方，防湿性，防水性，ガス遮断性に欠け，物理的強度が弱く，ヒートシール（熱処理によって素材どうしを接着させること）できないなどの欠点がある．その欠点を補うため，ポリエチレンやアルミ箔をラミネート（重ね合わせ）してヒートシール性や耐水性，ガス遮断性を付与している．用途には，牛乳，清酒などの飲料容器，冷凍食品の容器などがある．

図7.1　包装のいろいろ

表7.2　包装材料のまとめ

包装材料	長所	短所	対策
紙	軽量，安価，柔軟，印刷や廃棄が容易	防水性・密封性・ヒートシール性やガス遮断性に欠ける．内容物が見えない	プラスチックフィルム・アルミ箔とのラミネート
セロハン	印刷しやすく，ガス遮断性が優れている	防湿性，ヒートシール性がない	プラスチックコーティング
金属（鉄）	物理的強度が強い．完全密封できる	重い．腐食性がある．高価	内部のコーティング
金属（アルミニウム）	完全密封できる．軽量	物理的強度が弱い．高価	他の素材とのラミネート
ガラス	透明．密封性，化学的安定性が高い．再利用できる	重い．破損しやすい	プラスチックコーティング
可食性包材	内容物といっしょに食べられる	密封性がない	
プラスチック	軽量，安価，透明．成形性が高い．耐酸・アルカリ性がある	水分・ガスを完全には遮断できない．耐熱性・耐寒性が不足	複数の素材によるコーティング

B. セロハン

天然セルロースを溶解後に再生し，軟化剤を吸着させて製造したものがセロハンである．透明で光沢があり，印刷しやすく，ガス遮断性が優れている．しかし，防湿性，ヒートシール性がなく，吸湿するとガス遮断性が低下するという欠点を有する．欠点を補うため，耐水性のプラスチックでコーティングした防湿セロハンやポリエチレンを積層したポリセロとして利用される．即席ラーメンなどの包材に利用される．

C. 金属

物理的強度が強く，密封性に優れた金属は，長期保蔵に適している．一方，包材のコストが高いという欠点を有する．薄い鉄板にスズメッキしたブリキ缶や酸化クロムの薄膜を施して耐食性を高めたTFS缶のほか，軽量のアルミニウム缶などがある．さらに，酸や塩分を多く含む食品用として金属の腐食を防ぐためにフェノール樹脂やエポキシ樹脂で内部をコーティングした塗装缶や果物用にコーティング面の一部分だけスズを露出させて，スズの還元作用によりビタミンCや風味を保持するHTF缶などがある．

TFS : tin free steel

HTF : high tin fillet

蓋，胴，底の3つからなる3ピース缶のほか，1枚の金属板からプレス機で成形した缶体と蓋だけからなる2ピース缶とがある．2ピース缶のうち，ビール缶のような深絞り缶をDI缶といい，魚の油漬に用いられる浅絞り缶を打抜き缶という．アルミニウム缶は伸展性が高く，軽量で，イージーオープン性があることからビールやジュースに用いられているが，炭酸を含まないジュースや茶などでは内圧による強度の補強効果が得られないため，強度の高いスチール缶が使用される．

DI : drawing and ironing

また，練りワサビなどでは内面を耐食塗装したアルミチューブが用いられる．アルミニウムを圧延し，薄いフィルム状にしたアルミ箔は，紙やプラスチックなどの素材と組み合わせたラミネートフィルムの素材にも用いられ，ガス遮断性，遮光性，防湿性などの金属の利点が生かされている．容器包装リサイクル法で指定表示製品（分別回収のための表示を求める製品）に指定されており，分別のためにスチール，アルミという材料表示がなされている．

D. ガラス

ガラスは，透明性が高く，化学的安定性，密封性に優れ，再利用に適している．一方，重く，破損しやすく，温度変化や衝撃に弱く，紫外線を通しやすいという欠点を有する．その対策として，内容物を紫外線から保護するためにガラスを着色したり，強度を補強するためにプラスチックで表面をコーティングしたりして

いる．

E. 可食性包材

食品を成形するために使用した包装材料で内容物といっしょに食べることのできるものを**可食性包材**といい，ソーセージを充塡している**ケーシング**がそれにあたる．ケーシングには羊腸や豚腸を使用する天然腸ケーシングと動物の皮や骨から抽出したコラーゲンを筒状に加工したコラーゲンケーシングなどがある．

7.5 プラスチック包装材料の種類と特性

プラスチックは，可塑性を有する高分子物質（合成樹脂が大部分）であり，食品包装材料の中心的な素材である（図7.2）．プラスチックには，**熱可塑性プラスチック**（加熱によって自由な形状に加工でき，冷却することによってそのままの形状で硬化する）と熱硬化性プラスチック（加熱によって硬化し，再加熱しても再成形できない）とがあるが，包装材料として重要な前者について詳述する．

多くのプラスチック包装材料には「ポリ（poly）」という接頭語がついているが，ポリとは「重合された」という意味で，ポリエチレンはエチレン（$CH_2＝CH_2$）が多数重合してできたものである．

2020年6月から導入されたプラスチック製の器具・容器包装のポジティブリストの対象となる物質は，「合成樹脂の基本を成す基ポリマー」と「合成樹脂の物理的または化学的性質を変化させるために最終製品中に残存することを意図して用いられる添加剤」で，紙や金属缶の食品接触面にシートやコーティングの形で使われている合成樹脂も対象となる．

図 7.2 プラスチック包装材料

マヨネーズなどの
チューブ型容器

菓子などの袋類

卵や豆腐のパック

カップ麺の容器

プリンやゼリー
などのカップ

ペットボトルの
ラベルやキャップ

食用油のボトル

食品トレイ

プラスチック製のふた

持ち帰り弁当の容器

a. ポリエチレン（PE）

種類：ポリエチレンには，製造時の圧力によって低密度PE（LDPE：高圧法），中密度PE（MDPE：中圧法），高密度PE（HDPE：低圧法）の3種類がある．密度が増すほど気体透過性は低下（＝ガス遮断性が増加）し，強度と耐熱性が増して薄いフィルムができる．しかし，透明性も密度が増すほど低下していく．長所は，安価で加工しやすい，耐寒性がある，広い温度帯で良好なヒートシール性を示すことである．短所は気体透過性が高いことである．

用途：LDPEは透明で柔軟性，防湿性があることから，単体フィルムとして菓子類や冷凍食品類など幅広い食品に使われる．

b. ポリプロピレン（PP）

ポリプロピレンの長所は，プラスチックの中で最も軽く透明性があることである．ポリエチレンよりも耐熱性，機械強度が高く，気体透過性もHDPEに近い性質をもつ．短所は，硬度が高いためにもろく，低温に弱い．無延伸PP（CPP）と二軸延伸PP（OPP，引張り，引裂き，突刺し強度が大きくなる）の2種がある．

用途：パンや生菓子の包装．

c. ポリ塩化ビニル（PVC）

ポリ塩化ビニルは安価で腰が強く，光沢のある透明なフィルムとなる長所をもつ．短所は透湿性や気体透過性が高く，耐熱性，耐寒性が弱く，塩素を含むため焼却すると有毒ガスを発生しやすいことである．

用途：ストレッチフィルム（ゴム状の弾性をもつフィルムで，伸延しつつ物体に巻き付けてゴム弾性を利用して締め付け包装するもの）として肉や野菜などの生鮮食品のトレイ包装に使用される．無可塑塩化ビニルは気体透過性が低く，成形容器として醤油などの液体食品容器として使用される．

d. ポリ塩化ビニリデン（PVDC）

ポリ塩化ビニリデンの長所は強酸，強アルカリに対して安定で，耐油，耐寒性があり，透湿性，気体透過性が低くフィルムの透明度も高く，熱収縮性があることである．短所は塩素を含むため焼却すると有毒ガスを発生しやすいことである．PVDCはPVCの2倍の塩素を含む．

用途：魚肉ソーセージのケーシング（筒状の容器）やラップフィルム（食品の保蔵や調理に利用されるフィルムで，気密性，耐水性，自己密着性を有する）に使用する．PVDCとPVC（10〜15%）の共重合物が多く使われる．防湿性やガス遮断性を付与するためにほかのプラスチックフィルムの片面または両面をPVDCでコーティングすることをKコートといい，Kコートしたポリエチレンテレフタレート（PET）や二軸延伸ナイロン（ON）はKPETやKONなどと略記される．

e. ポリスチレン（PS）

ポリスチレンは光沢があり透明性が高く，耐薬剤性が優れている．短所は強度

が弱く，防湿性が低く，気体透過性が高いことである．
用途：防湿性が低く，気体透過性が高いことを生かして野菜用の防曇フィルムとして利用される．発泡させたPS容器はインスタント食品用のカップやトレイとして利用される．

f. ポリエチレンテレフタレート(PET)

ポリエステルの一種**ポリエチレンテレフタレート**は，透明で光沢があり，可塑剤を使用しないので安全性が高く，機械的な強度が高い（ポリエチレンの10倍）という長所をもつ．−70〜150℃まで使用可能で，防湿性，気体透過性も低い．油脂や酸などの耐薬剤性も優れている．短所はアルカリに対しては不安定であり，ヒートシール性がないことである．

用途：炭酸飲料や醤油などの容器（**PETボトル**）にも使用され，レトルトパウチの構成材にもなる．

g. ナイロン(NY，NまたはPA)

ナイロンはポリアミドの一種で，長所は透明で，耐熱性，耐寒性，耐油性，耐薬剤性に優れ，気体透過性が低いことである．二軸延伸したフィルム（ON）は強靱性が極めて強く，特に突刺し強度は突出している．短所は吸水性，透湿性が高く，ヒートシールできないことである．

h. ポリカーボネート(PC)

ポリカーボネートは強靱で，耐熱性，耐寒性に優れ（−70〜120℃），印刷適性がよく，可塑剤を含まないため安全性が高い．短所は透湿性，気体透過性があることである．

用途：プリンやゼリーなどの高温充填容器，冷凍食品のトレイ．

i. ポリビニルアルコール(PVA)

透明で，柔軟性があり，引張り強度が強い**ポリビニルアルコール**は，気体透過性が低く，耐油性に優れている．短所は耐水性，透湿性が劣ることである．これを補うために，ポリエチレンと共重合させたエチレン・ビニルアルコール（EVOHまたはEVAL）がラミネートフィルムとして使用される．

j. アイオノマー(S)

アイオノマーは，イオン架橋結合をもったポリマーの総称で，通常はオレフィン・カルボン酸共重合体と金属とのイオン架橋ポリマーである．

高い弾力性と強靱性を有し，耐油性，絶縁性があり，溶融加工が可能である．LDPEよりも低温でヒートシールが可能でシール（密封）強度も強いため，ラミネートフィルムの内層用として用いられる．

k. ラミネート包材

ここまでに示したようにプラスチックには多くの種類があり，それぞれに長所と短所を有しており，単体フィルムで満足な機能を得ることは困難である．そこ

で，異なる種類のプラスチックや紙，アルミニウムなどの素材を組み合わせた**ラミネート包材**（複合フィルム，積層フィルム）が利用される．

ラミネートの方法には，①接着剤を利用する方法（有機溶媒に溶かした接着剤を用いるドライラミネート法と水溶性接着剤を用いるウエットラミネート法があり，後者は有機溶媒の残存のおそれがなく安全性が高い），②一方のプラスチックだけを加熱溶解して2種の材料を密着させるエクストルージョンラミネート法，③複数のプラスチックを溶融しフィルム成形する際に積層して同時に押し出すコエクストルージョンラミネート法（共押出しラミネート法），④フィルム膜面にアルミニウムやケイ素酸化物などの無機物を蒸着させる方法（VMフィルム）などがある．

フィルムをラミネートすることによって，金属やガラスに比べてプラスチック包材が劣っていたガス遮断性を向上させたり，光遮断性，耐薬剤性，耐寒性，耐熱性，ヒートシール性，印刷性などを付与することが可能になった．しかも，プラスチックフィルムの利点である軽量，安価，高い成形性などをあわせもつなど単体フィルムでは得られなかった優れた性質を有し，**LL牛乳**のパックや**レトルトパウチ**（16.5節参照）などに利用されている．

LL：long life

ラミネートフィルムは，2～5種類ものフィルムで構成されている．ラミネートフィルムの性質は，使用している単体フィルムの長所が反映されると考えてよく，役割によって外層用，内層用，中間層用の3つに区分される．ラミネートフィルムの外層用に使われるフィルムをベースフィルムといい，強度，バリアー性に優れた熱非可塑性または高融点のもの（OPP，ON，PETなど）が用いられる．内層用のシーラントフィルムとしてはヒートシール性の優れたフィルム（PE，CPP，Sなど）が使われる．

その中間層にあって，酸素や水蒸気や光を遮断するバリアー性サンドフィルムにはEVOH，PVDC，アルミ箔などが使用される．図7.3に，3層ラミネートフィルムの例を示した．この場合，PEとPVDCは共押出しにより積層され，印刷したOPPフィルムは接着剤によって積層されている．表7.3に各包装材料の特性

図7.3 3層ラミネートフィルムの構造の例

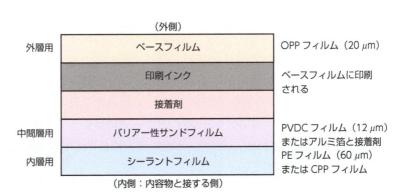

表 7.3　単体および複合プラスチック包材の特徴と用途例

	防湿性	防水性	気体透過性	保香性	耐油性	耐熱性	遮光性	透明性	ヒートシール性	用途
PE	○	◎	◎	×	△	×	×	○	◎	菓子，冷凍食品
OPP	○	◎	◎	×	○	○	×	◎	×	パン，生菓子
PVDC	◎	◎	×	◎	◎	○	×〜○	○	○	ラップフィルム，魚肉ソーセージ
PET	○	◎	×	◎	◎	◎	×〜○	◎	×	炭酸飲料容器，醤油容器
EVOH	△	△	×	◎	◎	◎	×	◎	×	ラミネートフィルムの中間層材
OPP/PE	◎	○	△	×	○	○	×	○	◎	即席ラーメン，スナックフーズ，乾物，米菓，乾燥のり
OPP/PVDC/PE	◎	○	×	○	◎	○	×〜○	○	◎	畜肉ハム・ソーセージ，かまぼこ
OPP/EVOH/PE	◎	○	×	◎	○	○	×	○	◎	削り節，漬物，粉末スープ，珍味，日本茶
PET/Al/PE	◎	◎	×	◎	○	◎	◎	×	◎	レトルトパウチ（カレー，シチュー），スナック菓子

◎：優，○：良，△：可，×：不可
PE：ポリエチレン，OPP：二軸延伸ポリプロピレン，PVDC：ポリ塩化ビニリデン，PET：ポリエチレンテレフタレート，EVOH：エチレン・ビニルアルコール，Al：アルミ箔

をまとめた．

7.6　包装材料によって異なる包装方法

　包装材料ごとに特徴的なシール方法がある．紙容器では，接着剤による貼り合わせ，プラスチックとのラミネート包材ではヒートシールを行う．缶では巻締め，溶接，接着剤による貼り合わせが用いられ，ガラス瓶の場合には，スクリューキャップ，コルク栓，王冠などが用いられる．
　プラスチック包材では多くの場合，熱によりフィルムどうしを溶着させる．熱による溶着法には，ヒートシール法（高温に保持した金属でフィルムを圧着する方法），インパルスシール法（ニクロム線でフィルムを圧接後に瞬間的に通電して熱溶着する方法），高周波シール法（高周波によりプラスチック自体が発熱して溶着する方法で，PEには使えない），超音波シール法（超音波の振動によってフィルムとの接着面が摩擦発熱し，溶着する方法）などがある．魚肉ソーセージなどではPVDCフィルムを円筒形に加工する際には高周波シールを用い，両端はアルミ製のワイヤーで結紮する．この方式では金属検知器を使えないことから，ワイヤーを使わず，同じPVDCフィルムテープで密封する方式も開発されている．

7.7 包装による栄養成分変化

　食品の品質は，生鮮品，加工品を問わず，保蔵中に変化するものである．食品の栄養成分の中で包装により変化が抑制されるものには，脂質(特に多価不飽和脂肪酸を多く含む植物油や魚油など)，還元糖，アミノ酸（トリプトファン，システインなど），タンパク質，ビタミン（A，B_2，C，Eなど），色素（カロテノイド，フラボノイドなど）などがある．酸素による酸化や光化学反応による分解・酸化などが栄養成分変化のおもな原因であるため，包装材料の気体透過性を低くし，遮光性を高めるほか，真空包装，ガス置換包装，脱酸素剤封入包装などが有効である．

7.8 品質を保持するための包装技術

A. 無菌充填包装

　仕上がった食品を無菌の環境下で包装，密封する技術を**無菌充填包装**といい，包装後に加熱殺菌を行わないため，加熱による品質の低下がない．LL牛乳，酒や果汁飲料などは高温短時間殺菌後に無菌化した容器に無菌環境下で充填される．

B. 真空包装，ガス置換包装

　食品を入れた容器中の空気を脱気した状態でシールするのが**真空包装**で，ガス置換包装は内部の空気を除いたのち，窒素や二酸化炭素の混合ガスを封入するものである．両包装は，ともに酸素分圧が低いことから好気性細菌やカビなどの生育や脂質，ビタミン，色素，香気成分などの酸化が抑制される．真空包装は内容物とフィルムが密着することから，包装後の加熱殺菌に適しており，食肉加工品，水産加工品，乳製品，惣菜などの包装に用いられる．

　また，長期間の保蔵を目的として，酸素や光に対するバリヤー性の高い袋（パウチ）内に密封後，加圧加熱殺菌したものをレトルトパウチ食品といい，カレー，シチュー，米飯などがある．

　スライスハムやスライスチーズなどは，酸素の影響を除くために，真空包装またはガス置換包装が用いられる．**ガス置換包装**は，二酸化炭素による静菌作用が期待でき，内容物どうしの密着や変形が防止できる．いずれの包装方法も，酸素透過性の低いフィルムを使用する必要がある．また，嫌気性細菌に対しては効果

図 7.4　脱酸素剤

を期待することはできない．削り節，スナック菓子，カステラ，茶などの包装に用いられる．

C. 脱酸素剤封入包装

密封容器内に小袋状の脱酸素剤を入れた包装で，おもに鉄の酸化反応を利用して内部の酸素を吸収し，残存酸素濃度を0.1％以下にまで下げることができる．また，ガス置換装置のような特別な装置を必要としない利点がある．菓子，餅，加工食品などの包装に用いられる（図7.4）．

7.9　包装は環境への配慮が必要

A. 容器包装に係る分別収集及び再商品化の促進等に関する法律（容器包装リサイクル法）

容器包装リサイクル法は，瓶，缶，紙製容器，プラスチック製容器包装に対して適用され，ほとんどすべての容器包装廃棄物について，細かく分別して回収し，容器を洗浄，消毒して何度も使用する再使用（リユース）や使い終わった容器を粉砕，分解，溶解するなどして原料化したり，再資源化して使用する再利用（リサイクル），簡易包装や包装材料の工夫による排出抑制（リデュース）を義務づけている．この法律では，一般消費者はごみの分別排出やレジ袋をもらわない，簡易包装の商品の選択，再使用するために返却，回収できるリターナブル容器を利用する，市町村は容器包装を分別収集する，事業者は容器包装の利用や製造，輸入量に応じてリサイクルの義務を負うなど，それぞれの立場で容器包装のリサイクルに参画することで，ごみの減量化とリサイクルの実現を図っている．

B. プラスチック包材と環境問題

a. 生分解性プラスチック，光分解性プラスチック

プラスチックは安定性が高く，埋め立てたり，放置されたごみがいつまでも分解せずに残り，環境汚染をひき起こすという問題がある．そこで自然界において，微生物や光によって分解しやすいようにしたものを，それぞれ生分解性プラスチック，光分解性プラスチックという．

b. ダイオキシンとプラスチック

塩素を含んだプラスチック包材（ポリ塩化ビニル（PVC）やポリ塩化ビニリデン（PVDC）フィルムのほか，Kコート（PVDCでコーティング）したKPET，KONなど）などを低温（250℃〜400℃）で焼却したとき，有害なダイオキシンが発生するが，高温（800℃以上）で焼却するとダイオキシンの生成は抑えられる．

演習 7-1 包装材料に求められる機能について述べよ．
演習 7-2 各種包装材料の特徴について述べよ．
演習 7-3 品質保持のための包装技術について述べよ．
演習 7-4 環境問題の視点から食品包装について述べよ．
演習 7-5 各自の家庭で消費した食品の包装を3つ集め，材料，機能，特徴などについて考察せよ．

8. 加工食品の規格・基準と食品表示基準

　加工食品は，農・林・畜・水産物を加工することにより，嗜好性，利便性，保蔵性，経済性などが高められた食品である．加工によって原料の外観や品質特性が変化しているため，一般消費者が加工食品の内容や品質を外観から識別することは難しい．そこで，消費者が安心して加工食品を購入し，利用できるよう加工食品に対して，品質の基準，製造，加工，調理および保蔵方法の基準，内容を正確に伝えるための表示の基準などを法律で定めている（表8.1）．

　食品の安全性や品質にかかわる法律には，食品衛生法，日本農林規格等に関する法律＊（JAS法），健康増進法などがある．一方，表示については2015（平成27）年4月に施行された食品表示法により統合され，加工食品と生鮮食品の区分が統一されたほか，それぞれの法律で設けられていた58本（JAS法52基準，食品衛生法5基準，健康増進法1基準）の品質表示基準も食品表示基準として1本に統合されている．

＊旧農林物資の規格化等に関する法律

　食品表示基準における加工食品を表8.2に示す．

表8.1　食品に関する法律などの概要
＊1　旧農林物資の規格化等に関する法律
＊2　略称：医薬品医療機器等法，旧薬事法

法律などの名称	規格や基準	所轄の機関	対象食品	目的
食品表示法	食品表示基準	消費者庁	加工食品，生鮮食品，添加物，特定保健用食品，栄養機能食品，機能性表示食品	食品を摂取する際の安全性確保と自主的かつ合理的な食品選択の機会確保
食品衛生法	（成分）規格・（製造・保存）基準	厚生労働省	公衆衛生の見地から表示が必要な食品および食品添加物	食品の安全性の確保
日本農林規格等に関する法律＊1	日本農林規格	農林水産省	一般消費者向けのすべての飲食料品	品質の規格化
健康増進法		厚生労働省	特定保健用食品，特別用途食品など	国民の健康の増進
医薬品，医療機器等の品質，有効性及び安全性の確保等に関する法律＊2		厚生労働省	容器包装に入れられた加工食品	食品に対する医薬品的な効能効果の表示禁止
不当景品類及び不当表示防止法		消費者庁	食品全体	不当な表示の禁止

1	麦類	精麦
2	粉類	米粉，小麦粉，雑穀粉，豆粉，いも粉，調製穀粉，その他の粉類
3	デンプン	小麦デンプン，トウモロコシデンプン，甘しょデンプン，ばれいしょデンプン，タピオカデンプン，サゴデンプン，その他のデンプン
4	野菜加工品	野菜缶・瓶詰，トマト加工品，きのこ類加工品，塩蔵野菜（漬物を除く），野菜漬物，野菜冷凍食品，乾燥野菜，野菜つくだ煮，その他の野菜加工品
5	果実加工品	果実缶・瓶詰，ジャム・マーマレードおよび果実バター，果実漬物，乾燥果実，果実冷凍食品，その他の果実加工品
6	茶，コーヒーおよびココアの調製品	茶，コーヒー製品，ココア製品
7	香辛料	ブラックペッパー，ホワイトペッパー，レッドペッパー，シナモン（桂皮），クローブ（丁子），ナツメグ（肉ずく），サフラン，ローレル（月桂葉），パプリカ，オールスパイス（百味こしょう），さんしょう，カレー粉，からし粉，わさび粉，しょうが，その他の香辛料
8	めん・パン類	めん類，パン類
9	穀類加工品	アルファー化穀類，米加工品，オートミール，パン粉，ふ，麦茶，その他の穀類加工品
10	菓子類	ビスケット類，焼き菓子，米菓，油菓子，和生菓子，洋生菓子，半生菓子，和干菓子，キャンデー類，チョコレート類，チューインガム，砂糖漬菓子，スナック菓子，冷菓，その他の菓子類
11	豆類の調製品	あん，煮豆，豆腐・油揚げ類，ゆば，凍り豆腐，納豆，きなこ，ピーナッツ製品，いり豆，その他の豆類調製品
12	砂糖類	砂糖，糖みつ，糖類
13	その他の農産加工食品	こんにゃく，その他1から12に分類されない農産加工食品
14	食肉製品	加工食肉製品，鳥獣肉の缶・瓶詰，加工鳥獣肉冷凍食品，その他の食肉製品
15	酪農製品	牛乳，加工乳，乳飲料，練乳および濃縮乳，粉乳，発酵乳および乳酸菌飲料，バター，チーズ，アイスクリーム類，その他の酪農製品
16	加工卵製品	鶏卵の加工製品，その他の加工卵製品
17	その他の畜産加工食品	蜂蜜，その他14から16に分類されない畜産加工食品
18	加工魚介類	素干魚介類，塩干魚介類，煮干魚介類，塩蔵魚介類，缶詰魚介類，加工水産物冷凍食品，練り製品，その他の加工魚介類
19	加工海藻類	こんぶ，こんぶ加工品，干のり，のり加工品，干わかめ類，干ひじき，干あらめ，寒天，その他の加工海藻類
20	その他の水産加工食品	その他18および19に分類されない水産加工食品
21	調味料およびスープ	食塩，味噌，醤油，ソース，食酢，調味料関連製品，スープ，その他の調味料およびスープ
22	食用油脂	食用植物油脂，食用動物油脂，食用加工油脂
23	調理食品	調理冷凍食品，チルド食品，レトルトパウチ食品，弁当，そうざい，その他の調理食品
24	その他の加工食品	イースト，植物性タンパク質および調味植物性タンパク質，麦芽および麦芽抽出物ならびに麦芽シロップ，粉末ジュース，その他21から23に分類されない加工食品
25	飲料等	飲料水，清涼飲料，酒類，氷，その他の飲料

表8.2　食品表示基準における加工食品

8.1　加工食品の規格・基準

　加工食品の規格・基準を定める法律には，食品衛生法とJAS法がある．規格とは，特定の品質の製品を製造するために必要となる成分，品質，製造方法などに関する統一的な基準のことをいう．

A.　食品衛生法（厚生労働省）

　食品衛生法の規定に基づき，食品，添加物などの規格・基準が厚生労働省告示によって定められている．そこには食品一般の成分規格（抗生物質を含有しないこと），製造，加工および調理基準（食品に放射線を照射しないことなど），保存基準，個別の食品の規格・基準（表8.2），添加物ならびに器具および容器包装の規格・基準が定められている．添加物の使用については，厚生労働大臣による指定制度があり，食品衛生法施行規則別表第1に掲げられたもの以外は使えない．プラスチック製の器具・包装容器の使用についても，ポジティブリストに記載された物質以外は使えない．また，乳製品については，乳及び乳製品の成分規格等に関する省令（乳等省令）により，一般食品とは別に成分規格，製造などの方法の基準が設けられており，牛乳，殺菌山羊乳，成分調整牛乳，低脂肪牛乳，無脂肪牛乳および加工乳は，「保持式により63℃で30分間加熱殺菌するか，又はこれと同等以上の殺菌効果を有する方法で加熱殺菌すること」となっている．

　HACCP（ハサップ）とは，Hazard Analysis and Critical Control Pointの略で，食品の製造工程の各段階における危害因子を分析し（HA），重要管理点（CCP）を設定して監視することによって安全で品質のよい製品を得るための体系的な管理システムである（9章参照）．乳・乳製品，食肉製品，容器包装詰加圧加熱殺菌食品，水産加工製品，清涼飲料水，麺類などでは，HACCP導入モデルが公表されている．承認を受けた場合には，この過程を経てつくられた食品は厚生労働省告示や乳等省令で定められた基準に適合した方法で製造または加工したとみなされる（9章参照）．承認取得後も検査が行われ，違反が認められれば，承認が取り消される更新制となり，総合衛生管理過程で承認を受けた施設は，食品衛生管理者を設置することが義務づけられている．

B.　日本農林規格等に関する法律（JAS法，農林水産省）

　食品・農林水産物の品質のみが規格の対象だったJAS制度は，海外取引の円滑化や国際競争力強化のため，2017年6月に改正され，取扱方法や試験方法なども規格対象となった（法の名称も2018年4月から変更され施行）．JAS法は，農林水産

図8.1 JAS, 有機JAS, 特色JASのマーク

平準化規格

[規格の内容]
JASマーク

特色のある規格

[規格の内容]
有機JASマーク

[規格の内容]
特色JASマーク

分野において規格を制定し，農林物資の品質改善，生産・販売その他の取扱の合理化および高度化，消費の合理化などを目的とする．JAS規格では，農林水産大臣が産品・事業者・試験方法に対して規格を定め，国際規格の登録認証機関から認証を得てJASマークを貼付する（図8.1）．JASマークには，品位や成分などの品質を表示するJASマークと，特色のある規格として有機JASマーク，特色JASマークがある．有機JASマークは，有機農産物が原材料で製造・加工法などが基準を満たす農産物加工品を示す．特色JASマークは，従来の特定JASマークなどを2022年4月1日から統合したもので，原材料，製造方法，流通方法に特色がある，または生産情報公表している，相当程度明確な特色があるものを示す．マークには規格の内容を標語で任意に表示することができる．

C. 器具・容器包装の安全性の規格基準

食品に用いる器具や包装容器から化学物質が溶出して，食品が汚染される可能性があることから，材質別に溶出成分に関する規格が定められている．原材料の一般規格には，食品衛生法施行規則別表第1に掲げる着色料以外の化学的合成品たる着色料を含んではならない（ただし，着色料が溶出または浸出するおそれがないよう加工した場合を除く）との規定がある．食品用金属缶については，ヒ素（0.2 µg/mL以下），カドミウム（0.1 µg/mL以下），鉛（0.4 µg/mL以下），フェノール（5 µg/mL以下），ホルムアルデヒド（不検出），蒸留残留物（30 µg/mL以下），エピクロルヒドリン（0.5 µg/mL以下），塩化ビニル（0.05 µg/mL以下）の溶出規格がある．また，ガラス製，陶磁器製，ホウロウ引きの容器包装については材質別の規格がある．ゴム製品では蒸発残留物（60 µg/mL以下），重金属（1 µg/mL以下），ホルムアルデヒド（不検出），フェノール（5 µg/mL以下），亜鉛（15 µg/mL以下）の溶出規格とカドミウムと鉛（各100 µg/g以下）の含有規格があり，ほ乳器具にはさらに厳しい規格値が設定されている．プラスチックについては，すべての食品用プラスチックに対して一般規格として，カドミウムおよび鉛の含有量100 µg/g以下，重金属の溶出量1 µg/g以下，過マンガン酸カリウム消費量（有機化合物の溶出総量の指標）10 µg/g以下の規定があり，16種のプラスチックには個別規格が設定されている．原材料の一般規格として，油脂または脂肪性食品を含有する食品に接触する器具または容器包

装には，フタル酸ビス（2-エチルヘキシル）を原材料にしてポリ塩化ビニルを主成分とするプラスチックの使用が制限されている＊．

D. 食品の国際規格（CODEX，コーデックス）

世界の消費者の健康を保護し，公正な食品貿易の実施を促進することを目的とし，国連の専門機関である国際食糧農業機関（FAO）と世界保健機関（WHO）が合同で国際的な食品規格をつくることになり，その実施機関として国際食品規格委員会（CAC，コーデックス委員会）が食品のCODEX規格を策定している．日本の食品関連の法律もCODEX規格に合うように修正が加えられている．

＊これらネガティブリストに加えて，ポジティブリスト制度が2020年6月からの食品衛生法の改正によって導入され，規制対象が1,000物質以上に増加した．

8.2 加工食品の表示

2015年4月に食品表示法が施行された．消費者の求める情報提供と事業者の実行可能性とのバランスを図り，双方にわかりやすい表示基準を策定することを目的に制定された食品表示基準によって，食品は加工食品，生鮮食品，添加物に区分され，区分ごとに共通の表示ルールが適用されている．

消費者に販売されている加工食品のうち，パックや缶，袋などに包装されているものについては，名称，原材料名，添加物，内容量，保存方法，製造者などの一括表示が必要である．また，原料原産地名，アレルギー物質，遺伝子組換え食品など原材料に関する表示が必要となるもののほか，栄養成分表示が義務化されており，栄養強調表示や機能性の表示についても基準が設定されている．

A. 食品表示基準による表示（図8.2）

a. 名称

一般的な名称を記載するが，乳製品は乳等省令の定義に従って表示する必要がある．また，加工食品の個別の表示方法（義務表示に係るもの）（食品表示基準別表第4）と名称の使用が制限される加工食品（食品表示基準別表第5）にも名称を定められた

名称	ウインナーソーセージ
原材料名	豚肉，豚脂肪，たん白加水分解物，還元水あめ，食塩，香辛料／調味料（アミノ酸等），リン酸塩（Na，K）…
原料原産地名	豚肉（国産，アメリカ産，その他）
内容容量	150 g
賞味期限	20○○年○○月○○日
保存方法	10℃以下で保存してください
製造者	○○株式会社 東京都千代田区霞が関○-○-○　＋Ａａ
お客様ダイヤル＊	0120（○○）○○○○

図8.2 原産地表示が必要な加工食品の表示例
原料原産地名欄による表記，複数の製造所で製造する場合の表記の例．＊お客様ダイヤルは枠外でも可．

表8.3 一括名で表示できる添加物

1. イーストフード	2. ガムベース	3. かんすい	4. 酵素
5. 光沢剤	6. 香料または合成香料	7. 酸味料	8. 軟化剤
9. 調味料（その構成成分に応じて種類を表示）	10. 豆腐用凝固剤または凝固剤	11. 苦味料	12. 乳化剤
13. 水素イオン濃度調整剤またはpH調整剤		14. 膨脹剤, 膨張剤, ベーキングパウダーまたはふくらし粉	

表8.4 用途の併記が義務づけられている食品添加物
[食品表示基準, 別表第6]

1. 甘味料	2. 着色料	3. 保存料	4. 増粘剤, 安定剤, ゲル化剤, 糊料
5. 酸化防止剤	6. 発色剤	7. 漂白剤	8. 防カビ剤(防ばい剤)

加工食品が示されており，これらは記載されている名称を用いる必要がある．

b．原材料名と添加物名

原材料と添加物は，それぞれ事項名を設けて表示するか，原材料名欄に原材料と添加物をスラッシュ（／）で区切る，改行する，改行して線を入れることによって区別して表示する必要がある．また，それぞれに占める重量割合の高いものから順に一般的な名称[*1]で表示することになっている．

*1 魚介類は標準和名を基本とするが，より広く一般に使用されている名称を表示することができる．

複合原材料表示については，それを構成する原材料を分割して表示したほうがわかりやすい場合には，構成原材料を分割して表示することができる．同種の原材料を複数種類使用する場合や複数の加工食品により構成される場合には，「野菜」，「食肉」などの原材料の総称を表す一般的な名称の次に括弧を付して，それぞれの原材料に占める割合の高いものから順にその最も一般的な名称を表示することができる．

添加物の表示方法は，大きく3つに分類される．①添加物の物質名を表示するもの，②添加物の物質名の代わりに同様の機能・効果を有するものを一括名で表示できるもの（表8.3），③添加物の用途を定めるもの（食品表示基準別表第6）に掲げられた添加物を含む食品には，添加物の物質名だけでなく用途（表8.4）も表示する必要があるものがある．

また，複数の加工食品により構成される加工食品は，食品の構成要素ごとに添加物を表示することができる．

添加物のうち，①栄養強化の目的で使用されるもの，②加工助剤（食品をつくる過程で使用するが，最終食品には含まないか，含んでも微量で効果を表さないもの），③キャリーオーバー（食品の原材料に含まれ，表示されていた添加物で，使用した食品にも移行しているが，食品中で効果を発揮しない量しか含まないもの）については表示が免除される．

なお，食品表示基準別表第4において，別途，添加物の表示方法が定められている食品はそれに従って表示する必要がある．

c．原料原産地名（図8.2参照）

*2 2017年9月1日，食品表示基準の改正・施行による．

国内で製造・加工されたすべての加工食品は，原材料の原産地名を原料の後に括弧を付す，または別枠を設けて表示する必要がある[*2]．表8.5は2017年9月

①乾燥きのこ類, 乾燥野菜および乾燥果実 ②塩蔵したきのこ類, 塩蔵野菜および塩蔵果実 ③ゆで, または蒸したきのこ類, 野菜および豆類ならびにあん ④異種混合したカット野菜, 異種混合したカット果実その他野菜, 果実およびきのこ類を異種混合したもの ⑤緑茶および緑茶飲料 ⑥もち ⑦いりさや落花生, いり落花生, あげ落花生およびいり豆類 ⑧黒糖および黒糖加工品 ⑨こんにゃく ⑩調味した食肉 ⑪ゆで, または蒸した食肉および食用鳥卵 ⑫表面をあぶった食肉 ⑬フライ種として衣をつけた食肉 ⑭合挽肉その他異種混合した食肉	⑮素干魚介類, 塩干魚介類, 煮干魚介類およびこんぶ, 干のり, 焼きのりその他干した海藻類 ⑯塩蔵魚介類および塩蔵海藻類 ⑰調味した魚介類および海藻類 ⑱こんぶ巻 ⑲ゆで, または蒸した魚介類および海藻類 ⑳表面をあぶった魚介類 ㉑フライ種として衣をつけた魚介類 ㉒④または⑭に挙げるもののほか, 生鮮食品を異種混合したもの ㉓農産物漬物 ㉔野菜冷凍食品 ㉕うなぎ加工品 ㉖かつお削り節 ㉗おにぎり

表8.5 2017年9月1日以前から原料原産地名の表示が義務付けられていた食品

1日以前から原料原産地表示が義務付けられていた加工度の低い加工食品で, ①から㉒は, 原材料に占める重量の割合が50%以上を占めるものが国産品の場合は国産品である旨を, 輸入品の場合は原産国名を表示する. ただし, 国産品の場合は, 国産に替えて, 農産物, 畜産物では都道府県名その他一般に知られている地名, 水産物では生産した水域名, 水揚げした港名, または都道府県名その他一般に知られている地名を表示することができる. ㉓から㉖は, 食品表示基準第3条に個別の表示方法が示されている. ㉗は米飯類を巻く目的でのりを原料として使用しているもので, おにぎりに使用するのりの原料である原そうの原産地を表示する必要がある. 原産国の表示方法として表8.5以外の加工食品では, 「または表示」, 「大括り表示」, 「大括り表示＋または表示」も条件によって認められている.

d. アレルギー物質の表示

アレルゲンとなる原材料の中で**特定原材料**に指定された8品目（エビ, カニ, クルミ[*1], 小麦, ソバ, 卵, 乳, 落花生（ピーナッツ））については**表示が義務**付けられており[*2], 特定原材料に準ずるものとして指定された20品目[*3]（アーモンド, アワビ, イカ, イクラ, オレンジ, カシューナッツ[*4], キウイフルーツ, 牛肉, ゴマ, サケ, サバ, 大豆, 鶏肉, バナナ, 豚肉, マカダミアナッツ, モモ, ヤマイモ, リンゴ, ゼラチン）については表示が推奨されている（2024年3月28日現在）. 表示の方法は, 原則として原材料名の直後に括弧を付して特定原材料を含む旨を個別に表示する必要があり, 例外的に一括表示も認められている（図8.3）.

[*1] 2023年3月9日消費者庁は義務へ変更した. 経過措置期間あり.

[*2] マヨネーズやパンなど一般的に特定原材料を含むことが予測できることからアレルギー表示が不要であった特定加工食品およびその拡大表記は, 食品表示基準では廃止されており, すべての加工食品についてアレルギー表示が必要である.

[*3] 2024年3月28日付でマツタケ削除, マカダミアナッツ追加.

[*4] 2024年6月現在, 特定原材料への移行検討中.

原材料名	○○○（△△△, **ゴマ油**）, **ゴマ**, □□, ×××, **醤油**, **マヨネーズ**, **タンパク質加水分解物**, **卵黄**, 食塩, **酵母エキス**／調味料（アミノ酸等）, 増粘剤（キサンタンガム）, 甘味料（ステビア）, ◎◎◎, （一部に**小麦・卵・乳成分・ゴマ・大豆**を含む）

図8.3 アレルゲンを含む加工食品の原材料表示例
アレルゲン（太字）一括表示, 原材料と添加物を記号（／）で区分表記の例

e. L-フェニルアラニン化合物の表示

甘味料のアスパルテームを含む食品については，L-フェニルアラニン化合物を含む旨を表示する必要がある．

f. 遺伝子組換え食品の表示

遺伝子組換え食品の対象となる農産物は，大豆（枝豆および大豆もやしを含む），トウモロコシ，バレイショ（ジャガイモ），ナタネ，綿実，アルファルファ，テンサイ，パパイア，カラシナ*の9種である．加工食品の原材料とする場合には，対象となる加工食品と原料農産物の種類は限定され，表8.6に示すとおりである．その他の加工食品については遺伝子組換えに関する表示は不要であるが，遺伝子組換えに対する表示を行う場合には，食品表示基準の表8.7に従って記載しなければならない（任意表示については2023年4月1日から新制度，図8.4）．組換えられたDNAおよびこれによって生じたタンパク質が，加工後に検出できない加工食品（大豆，醤油，コーン油，異性化液糖など）は任意表示である．また，表8.6でいう「おもな原材料」とは，原材料に占める重量の割合が上位3位までのもので，かつ原材料に占める重量の割合が5％以上のものをいう．

*2022年3月30日付．

g. 内容量の表示

内容重量(gまたはkg)，内容体積(mLまたはL)，内容数量(個)を単位を明記して表示する．なお，食品表示基準別表第4において，別途，内容量の表示方法が定められている食品はそれに従って表示する必要がある．

h. 消費期限または賞味期限の表示

消費期限は，品質が急速に劣化しやすい食品(弁当，調理パン，惣菜，生菓子類，食肉，生麺，豆腐など)について，定められた方法により保存した場合において，腐敗，

図8.4 遺伝子組換え食品の表示例
遺伝子組換え大豆の混入がないと認められる大豆を原料とする米味噌の原材料表示部分（添加物を改行して区分表示の例）

原材料名	大豆（遺伝子組換えでない），米，食塩 調味料（アミノ酸等）

表8.6 遺伝子組換え表示を必要とする対象農産物と加工食品

対象農産物（9作物）	加工食品（33食品群）
大豆 （枝豆，大豆もやしを含む） トウモロコシ バレイショ なたね 綿実 アルファルファ テンサイ パパイヤ カラシナ	①豆腐・油揚げ類，②凍り豆腐・おからおよび湯葉，③納豆，④豆乳類，⑤味噌，⑥大豆煮豆，⑦大豆缶詰および大豆瓶詰，⑧きな粉，⑨大豆いり豆，⑩①～⑨に掲げるものをおもな原材料とするもの，⑪調理用の大豆をおもな原材料とするもの，⑫大豆粉をおもな原材料とするもの，⑬大豆タンパク質をおもな原材料とするもの，⑭枝豆をおもな原材料とするもの，⑮大豆もやしをおもな原材料とするもの，⑯コーンスナック菓子，⑰コーンスターチ，⑱ポップコーン，⑲冷凍トウモロコシ，⑳トウモロコシ缶詰およびトウモロコシ瓶詰，㉑コーンフラワーをおもな原材料とするもの，㉒コーングリッツをおもな原材料とするもの（コーンフレークを除く），㉓調理用のトウモロコシをおもな原材料とするもの，㉔⑯～⑳に掲げるものをおもな原材料とするもの，㉕ポテトスナック菓子，㉖乾燥バレイショ，㉗冷凍バレイショ，㉘バレイショデンプン，㉙調理用のバレイショをおもな原材料とするもの，㉚㉕～㉘に掲げるものをおもな原材料とするもの，㉛アルファルファをおもな原材料とするもの，㉜調理用のテンサイをおもな原材料とするもの，㉝パパイヤをおもな原材料とするもの

従来のものと組成、栄養価等が同等のもの*1	農産物およびこれを原材料とする加工食品であって、加工後も組み換えられたDNAまたはこれによって生じたタンパク質が検出可能とされているもの（9作物および33食品群）	分別生産流通管理*2が行われた遺伝子組換え農産物を原材料とする場合	「大豆（遺伝子組換え）」等	義務表示
		遺伝子組換え農産物と非遺伝子組換え農産物が分けて管理されていない農産物を原材料とする場合	「大豆（遺伝子組換え不分別）」等	
		遺伝子組換え農産物が混入しないように分別生産流通管理が行われた農産物を原材料とする場合*3	「大豆（分別生産流通管理済み）」「大豆（遺伝子組換え混入防止管理済）」等	任意表示
		分別生産流通管理が行われ、遺伝子組換え農産物の混入がないと認められる農産物を原材料とする場合	「大豆（遺伝子組換えでない）」等	
	組み換えられたDNAおよびこれによって生じたタンパク質が、加工後に検出できない加工食品（大豆油、しょうゆ、コーン油、異性化液糖等）		「大豆（遺伝子組換え不分別）」等	
			「大豆（遺伝子組換えでない）」等	
従来のものと組成、栄養価等が著しく異なるもの（ステアリドン酸産生大豆等）			「大豆（ステアリドン酸産生遺伝子組換え）」等	義務表示

*1 除草剤の影響を受けないようにした大豆、害虫に強いとうもろこしなど。
*2 遺伝子組換え農産物と遺伝子組換えでない農産物を農場から食品製造業者まで生産、流通、加工の各段階で相互に混入が起こらないよう管理し、そのことが書類などにより証明されていることをいう。IP (identity preserved) 管理ともいう。
*3 大豆ととうもろこしについては分別生産流通管理を行っても意図せざる遺伝子組換え農産物の一定の混入の可能性は避けられないことから、分別生産流通管理が適切に行われている場合は、5％以下の一定率の意図せざる混入があっても分別生産流通管理が行われた農産物と認められる。

表8.7 遺伝子組換えに関する表示の規定（2023年4月1日）

変敗その他の食品の劣化に伴い安全性を欠くこととなるおそれがないと認められる期限を示す年月日を記載することになっている。また、賞味期限は、定められた方法で保存した場合において、期待されるすべての品質の保持が十分に可能であると認められる期限を示す年月日を記載することになっている。ただし、この期限が3か月を超えるものについては、年月で表示してもよい。

i. 保存方法の表示

開封前の保存方法を食品の特性に従い、「直射日光を避け、常温で保存すること」、「10℃以下で保存すること」などと表示する。ただし、食品衛生法第11条第1項で保存方法の基準が定められた食品については、「4℃以下で保存すること」など、基準に従って表示する必要がある。

j. 製造者等の表示

表示内容に責任を有する者の氏名または名称および住所を表示する。事項名については、製品の製造業者の場合は「製造者」、加工業者の場合は「加工者」、輸入業者の場合は「輸入者」と表示内容に責任を有するものを表示する。なお、製造業者、加工業者または輸入者との合意により、販売業者を表示することも可能で、この場合は「販売者」となる。同一製品を2か所以上の製造所で製造している場合には、消費者庁長官に届け出た製造所固有記号*による表示を名称の次に「＋」を冠して表示することができる。自社工場と他社工場で製造する場合は事項名の部分が製造者と販売者の両方が必要となるため、事項名を表示せずに、名称、住所、製造所固有記号だけの表示でよいことになっている。

*食品表示基準によって製造所固有記号を表示する場合には、①製造者に関する情報を提供できる者の電話番号、②製造者の名称や所在地を表示したウエブサイトのアドレスなど、③すべての製造所固有記号に対応する製造所の名称と所在地（名称が同一の場合は所在地のみ）のいずれかを表示する。

B. 栄養や健康に関する表示

栄養や健康に関する表示としては，原則すべての加工食品に義務付けられている**栄養成分表示**があるほか，保健機能食品として機能性の表示ができる，**栄養機能食品**，**特定保健用食品**，**機能性表示食品**などがある．

a. 栄養成分表示

原則として，すべての容器包装に入れられた加工食品には，食品に含まれる栄養成分（**熱量**（エネルギー），**タンパク質**，**脂質**，**炭水化物**，ナトリウム（ナトリウムの量に2.54を乗じて，**食塩相当量**として表示））の表示が義務付けられているほか，飽和脂肪酸と食物繊維の表示が推奨されている．そのほか，任意で表示する栄養成分を含めて栄養成分表示として同一枠内に表示する．その場合，100 g，100 mL，1食分などの食品単位あたりの量を表示することになっている．栄養成分の表示を免除される食品の例を表8.8に示す．

強調表示する場合を除き，栄養成分値には，分析値以外に**計算値**（公的な栄養成分データベースなど信頼できるデータから算出した値），**参照値**（公的な栄養成分データベース等を基に，表示しようとする食品と同一または類似する食品から，その食品の栄養成分値を類推した値），**併用値**（分析値，計算値，参照値を併用した値）での表示が認められている．ただし，分析値以外を用いる場合には「推定値」や「この表示値は目安です」などを

表8.8 栄養成分表示が免除される食品

① 水やスパイスなど栄養の供給源としての寄与が小さい食品
② 日替わり弁当など極短期間でレシピが変更される食品
③ スーパーで製造して店頭で販売する弁当など製造場所で直接販売される食品
④ 容器包装の表示可能面積がおおむね 30 cm² 以下の食品
⑤ 消費税の納付が免除されている小規模事業者が販売する食品
⑥ 酒類

表8.9 栄養強調表示の種類
*強化された旨の相対差（＞25%）は，タンパク質および食物繊維のみに適用．

強調表示の種類	補給ができる旨の表示			適切な摂取ができる旨の表示		
	高い旨	含む旨	強化された旨	含まない旨	低い旨	低減された旨
	絶対表示		相対表示	絶対表示		相対表示
強調表示に必要な基準	・基準値（表8.12）以上であること		・基準値以上の絶対差 ・相対差（25%以上）* ・強化された量（割合）および比較対象品名を明記	・基準値（表8.11）未満であること		・基準値以上の絶対差 ・相対差（25%以上） ・低減された量（割合）および比較対象品名を明記
強調表示の表現例	・高○○ ・○○豊富 ・○○多く含む	・○○含有 ・○○入り ・○○源	・○○ 30%アップ ・○○ 2倍	・無○○ ・○○ゼロ ・ノン○○ ・○○フリー	・低○○ ・○○控えめ ・○○ライト	・○○ 30%カット ・○○～gオフ ・○○ハーフ
該当する栄養成分	タンパク質，食物繊維，ミネラル類（ナトリウムを除く），ビタミン類			熱量，脂質，飽和脂肪酸，コレステロール，糖類，ナトリウム		

表 8.10 栄養強調表示の基準値（補給ができる旨の表示）（100 g あたり）

栄養成分	高い旨の表示	含む旨の表示	強化された旨の表示
タンパク質	16.2 g	8.1 g	8.1 g
食物繊維	6 g	3 g	3 g
亜鉛	2.64 mg	1.32 mg	0.88 mg
カリウム	840 mg	420 mg	280 mg
カルシウム	204 mg	102 mg	68 mg
鉄	2.04 mg	1.02 mg	0.68 mg
銅	0.27 mg	0.14 mg	0.09 mg
マグネシウム	96 mg	48 mg	32 mg
ナイアシン	3.9 mg	1.95 mg	1.3 mg
パントテン酸	1.44 mg	0.72 mg	0.48 mg
ビオチン	15 μg	7.5 μg	5 μg
ビタミン A	231 μg	116 μg	77 μg
ビタミン B_1	0.36 mg	0.18 mg	0.12 mg
ビタミン B_2	0.42 mg	0.21 mg	0.14 mg
ビタミン B_6	0.39 mg	0.20 mg	0.13 mg
ビタミン B_{12}	0.72 mg	0.36 mg	0.24 mg
ビタミン C	30 mg	15 mg	10 mg
ビタミン D	1.65 μg	0.83 μg	0.55 μg
ビタミン E	1.89 mg	0.95 mg	0.63 mg
ビタミン K	45 μg	22.5 μg	15 μg
葉酸	72 μg	36 μg	24 μg

枠外に記載する必要がある．また，熱量や栄養成分について強調表示する場合（表8.9）には，強調表示の内容に応じて含有量が一定の基準（表8.10，表8.11）を満たす必要がある．強化，低減に関しては基準値以上の絶対差に加えて，比較対象食品との25％以上の相対差が食品表示基準で設定されている．糖類を添加していない旨の表示およびナトリウム塩を添加していない旨の表示については，コーデックスの栄養成分表示ガイドラインの考え方から基準が導入された[*1]．なお，食品添加物の無添加，不使用などの表示について，消費者に誤認を与えないようガイドラインが出された[*2]．これらの表示を一律に禁止するものではない．

b. 栄養機能食品

栄養機能食品は，1日に必要な栄養成分が不足がちな場合に，栄養成分（ビタミン，ミネラルなど20種類，表8.12，p.78）の補給・補完のために利用される食品である．定められた上・下限値の範囲内にある食品であれば，特に届出は不要である．

通常の表示事項に加えて，栄養素成分の機能，1日あたりの摂取目安量，摂取の方法，摂取するうえでの注意事項，1日あたりの摂取目安量に含まれる機能の表示を行う栄養成分の量の栄養素等表示基準値（18歳以上，基準熱量2,200 kcal）に

*1 糖類（単糖類または二糖類であって糖アルコールでないもの）では，いかなる糖類や糖類に代わる原材料，添加物を使用していないことなど，ナトリウム塩については，いかなるナトリウム塩，ナトリウム塩に代わる原材料，添加物を使用していないことなどが条件となっている．

*2 食品添加物の不使用表示に関するガイドライン（2022年3月30日，消費者庁）．食品関連事業者等が食品表示基準第9条の規定について自己点検できるよう注意すべき表示を10の類型として示した．

表 8.11 栄養強調表示の基準値（適切な摂取ができる旨の表示）
（100 g あたり）
*1 ドレッシングタイプ調味料は 3 g とする．
*2 1 食分の量を 15 g 以下である旨を表示し，当該食品の脂肪酸の量のうち飽和脂肪酸の量の占める割合が 15％以下である場合，コレステロールの係る含まない旨の表示および低い旨の表示のただし書きの規定は適用しない．

栄養成分および熱量	含まない旨の表示	低い旨の表示	低減された旨の表示
熱量	5 kcal	40 kcal	40 kcal
脂質	0.5 g*¹	3 g	3 g
飽和脂肪酸	0.1 g	1.5 g ただし，当該食品の熱量のうち飽和脂肪酸に由来するものが当該食品の熱量の 10％以下であるものに限る	1.5 g
コレステロール*²	5 mg ただし，飽和脂肪酸の量が 1.5 g 未満であって，当該食品の熱量のうち飽和脂肪酸に由来するものが当該食品の熱量の 10％未満のものに限る	20 mg ただし，飽和脂肪酸の量が 1.5 g 以下であって，当該食品の熱量のうち飽和脂肪酸に由来するものが当該食品の熱量の 10％以下のものに限る	20 mg ただし，飽和脂肪酸の量が当該他の食品に比べて低減された量が 1.5 g 以上のものに限る
糖類	0.5 g	5 g	5 g
ナトリウム	5 mg	120 mg	120 mg

占める割合，消費者庁長官により個別審査を受けたものではないことを記載する必要がある．

c. 特別用途食品

特別用途食品は，病者用，妊産婦用，授乳婦用，乳児用，えん下困難者用など特別の用途に適する旨の表示をする食品で，国の許可を受ける必要があり，許可マークがある（図8.5）．表示の許可にあたっては，許可基準があるものはその適合性を審査し，許可基準のないものは個別に評価される．特定保健用食品も特別用途食品に含まれる．

d. 特定保健用食品

特定保健用食品（トクホ）は，健康の維持，増進に役だつ，または適する旨を表

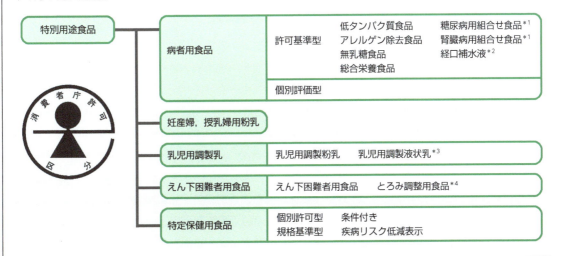

図 8.5 特別用途食品の分類
*1 2019（令和 2）年 9 月 9 日より追加
*2 2023（令和 5）年 5 月 19 日より追加
*3 2018（平成 30）年 8 月 8 日より追加
*4 2018（平成 30）年 4 月 1 日より追加

栄養成分	1日あたりの摂取目安量に含まれる栄養成分量		栄養機能表示	注意喚起表示
	下限値	上限値		
n-3系脂肪酸	0.6 g	2.0 g	n-3系脂肪酸は,皮膚の健康維持を助ける栄養素です.	本品は,多量摂取により疾病が治癒したり,より健康が増進するものではありません.1日の摂取目安量を守ってください.
亜鉛	2.64 mg	15 mg	亜鉛は,味覚を正常に保つのに必要な栄養素です. 亜鉛は,皮膚や粘膜の健康維持を助ける栄養素です. 亜鉛は,タンパク質・核酸の代謝に関与して,健康の維持に役だつ栄養素です.	本品は,多量摂取により疾病が治癒したり,より健康が増進するものではありません.亜鉛の摂りすぎは,銅の吸収を阻害するおそれがありますので,過剰摂取にならないよう注意してください.1日の摂取目安量を守ってください.乳幼児・小児は本品の摂取を避けてください.
カリウム	840 mg	2,800 mg	カリウムは,正常な血圧を保つのに必要な栄養素です.	本品は,多量摂取により疾病が治癒したり,より健康が増進するものではありません.
カルシウム	204 mg	600 mg	カルシウムは,骨や歯の形成に必要な栄養素です.	本品は,多量摂取により疾病が治癒したり,より健康が増進するものではありません.1日の摂取目安量を守ってください.
鉄	2.04 mg	10 mg	鉄は,赤血球を作るのに必要な栄養素です.	本品は,多量摂取により疾病が治癒したり,より健康が増進するものではありません.1日の摂取目安量を守ってください.
銅	0.27 mg	6 mg	銅は,赤血球の形成を助ける栄養素です. 銅は,多くの体内酵素の正常な働きと骨の形成を助ける栄養素です.	本品は,多量摂取により疾病が治癒したり,より健康が増進するものではありません.1日の摂取目安量を守ってください.乳幼児・小児は本品の摂取を避けてください.
マグネシウム	96 mg	300 mg	マグネシウムは,骨や歯の形成を助ける栄養素です. マグネシウムは,多くの体内酵素の正常な働きとエネルギーの産生を助けるとともに,血液循環を正常に保つのに必要な栄養素です.	本品は,多量摂取により疾病が治癒したり,より健康が増進するものではありません.多量に摂取すると軟便(下痢)になることがあります.1日の摂取目安量を守ってください.乳幼児・小児は本品の摂取を避けてください.
ナイアシン	3.9 mg	60 mg	ナイアシンは,皮膚や粘膜の健康維持を助ける栄養素です.	本品は,多量摂取により疾病が治癒したり,より健康が増進するものではありません.
パントテン酸	1.44 mg	30 mg	パントテン酸は,皮膚や粘膜の健康維持を助ける栄養素です.	
ビオチン	15 mg	500 mg	ビオチンは,皮膚や粘膜の健康維持を助ける栄養素です.	
ビタミンA	231 µg (770 IU)	600 µg (2,000 IU)	ビタミンAは,夜間の視力の維持を助ける栄養素です. ビタミンAは,皮膚や粘膜の健康維持を助ける栄養素です.	本品は,多量摂取により疾病が治癒したり,より健康が増進するものではありません.1日の摂取目安量を守ってください.妊娠3か月以内または妊娠を希望する女性は過剰摂取にならないよう注意してください.
ビタミンB_1	0.36 mg	25 mg	ビタミンB_1は,炭水化物からのエネルギーの産生と皮膚や粘膜の健康維持を助ける栄養素です.	本品は,多量摂取により疾病が治癒したり,より健康が増進するものではありません.1日の摂取目安量を守ってください.
ビタミンB_2	0.42 mg	12 mg	ビタミンB_2は,皮膚や粘膜の健康維持を助ける栄養素です.	
ビタミンB_6	0.39 mg	10 mg	ビタミンB_6は,タンパク質からのエネルギーの産生と皮膚や粘膜の健康維持を助ける栄養素です.	
ビタミンB_{12}	0.72 µg	60 µg	ビタミンB_{12}は,赤血球を作るのに必要な栄養素です.	
ビタミンC	30 mg	1,000 mg	ビタミンCは,皮膚や粘膜の健康維持を助けるとともに,抗酸化作用を持つ栄養素です.	
ビタミンD	1.65 µg (66 IU)	5.0 µg (200 IU)	ビタミンDは,腸管からのカルシウムの吸収を促進し,骨の形成を助ける栄養素です.	
ビタミンE	1.89 mg	150 mg	ビタミンEは,抗酸化作用により体内の脂質を酸化から守り,細胞の健康維持を助ける栄養素です.	
ビタミンK	45 µg	150 µg	ビタミンKは,正常な血液凝固を維持する栄養素です.	
葉酸	72 µg	200 µg	葉酸は,赤血球の形成を助ける栄養素です. 葉酸は,胎児の正常な発育に寄与する栄養素です.	本品は,多量摂取により疾病が治癒したり,より健康が増進するものではありません.1日の摂取目安量を守ってください.葉酸は,胎児の正常な発育に寄与する栄養素ですが,多量摂取により胎児の発育が良くなるものではありません.

表8.12 栄養機能食品の規格基準,栄養機能表示,注意喚起表示

示することが認められている食品で,許可マークがある.通常の特定保健用食品(**個別許可型**)は,製品ごとに食品の有効性や安全性について審査を受け,表示について国の許可を受ける必要がある.そのほかにも,特定保健用食品としての許

区分	関与成分	1日摂取目安量	表示できる保健の用途	摂取上の注意事項
I（食物繊維）	難消化性デキストリン（食物繊維として）	3～8g	○○（関与成分）が含まれているので，おなかの調子を整えます．	摂り過ぎあるいは体質・体調によりおなかがゆるくなることがあります．多量摂取により疾病が治癒したり，より健康が増進するものではありません．他の食品からの摂取量を考えて適量を摂取して下さい．
	ポリデキストロース（食物繊維として）	7～8g		
	グアーガム分解物（食物繊維として）	5～12g		
II（オリゴ糖）	大豆オリゴ糖	2～6g	○○（関与成分）が含まれておりビフィズス菌を増やして腸内の環境を良好に保つので，おなかの調子を整えます．	摂り過ぎあるいは体質・体調によりおなかがゆるくなることがあります．多量摂取により疾病が治癒したり，より健康が増進するものではありません．他の食品からの摂取量を考えて適量を摂取して下さい．
	フラクトオリゴ糖	3～8g		
	乳果オリゴ糖	2～8g		
	ガラクトオリゴ糖	2～5g		
	キシロオリゴ糖	1～3g		
	イソマルトオリゴ糖	10g		
III（食物繊維）	難消化性デキストリン	4～6g*	食物繊維（難消化性デキストリン）の働きにより，糖の吸収をおだやかにするので，食後の血糖値が気になる方に適しています．	血糖値に異常を指摘された方や，糖尿病の治療を受けておられる方は，事前に医師などの専門家にご相談の上，お召し上がり下さい．摂りすぎあるいは体質・体調によりおなかがゆるくなることがあります．多量摂取により疾病が治癒したり，より健康が増進するものではありません．

表8.13 特定保健用食品（規格基準型）の規格基準
＊1日1回食事とともに摂取する目安量

図8.6 特定保健用食品の許可マーク

可実績が十分であるなど科学的根拠が蓄積されている関与成分については，個別審査せず，規格基準の適合で許可される特定保健用食品（規格基準型）（表8.13），特定保健用食品の審査で要求している有効性の科学的根拠のレベルには届かないが，一定の有効性が確認された食品で限定的な科学的根拠である旨を表示することを条件に許可された条件付特定保健用食品，関与成分の疾病リスク低減効果が医学的・栄養学的に確立されている場合に疾病リスク低減表示を認める特定保健用食品（疾病リスク低減表示）がある（図8.6）．

e. 機能性表示食品

2015年4月に施行された機能性表示食品は，事業者の責任において，科学的根拠に基づいた機能性を表示した食品で，国による審査と許可は必要としないが，安全性および機能性の根拠については消費者庁に販売前に届け出る必要がある．生鮮食品を含め，すべての食品（一部除く）が対象となっており，消費者は消費者

庁のウエブサイトから届けられた情報を確認することができる．

f. 「いわゆる健康食品」の表示の概略

「いわゆる健康食品」とは，機能性表示が認められた保健機能食品ではないが，健康の保持や増進効果，機能性などを表示して販売されている食品（栄養補助食品，健康補助食品，サプリメントなど）をさす．これらには法律上の定義がなく，表示方法によって誤解を生じるおそれがあるため，「いわゆる健康食品に関する景品表示法及び健康増進法上の留意事項について」というガイドラインが消費者庁から公表されている．健康保持・増進などの効果を表示できる食品は特定保健用食品，栄養機能食品，機能性表示食品だけに限られることから，表示の内容によっては，景品表示法や健康増進法に違反する場合があると指摘されている．

g. 虚偽・誇大広告などの禁止

健康増進法では虚偽誇大広告は禁止されている．虚偽誇大広告とは，①一般消費者が，その食品を摂取した場合に実際に得られる真の効果が広告などに書かれたとおりではないことを知っていれば，その食品を購入することはないと判断される場合や，②当該食品の購入者個人による自発的な表明であるかのような表示，③当該食品の健康保持増進効果などに関する書籍による表示がなされ，表示されている健康保持増進効果などと実際の健康保持増進効果などに相違がある場合などは，健康保持増進効果などについて著しく事実に相違する表示または著しく人を誤認させるような表示と判断される．

また，表示の裏付けとなる合理的な根拠を示す資料の提出がない効果・効能などの表示は，優良誤認を招く不当表示とみなされ，景品表示法違反となる．

C. その他の表示にかかわる法律

a. 計量法

法律で定められた商品ごとに量目（質量または容積）の許容誤差が決められている．日本農林規格，食品表示基準および公正競争規約などの規定がある場合は，その規定に合わせる．

b. 容器包装に係る分別収集及び再商品化の促進等に関する法律（容器包装リサイクル法）および資源の有効な利用の促進に関する法律（資源有効利用促進法）

容器包装リサイクル法は，廃棄物発生の抑制による環境保全および資源の有効利用を目的として制定された法律で，スチール缶，アルミ缶，ガラス瓶，段ボール，紙パック，紙製容器包装，ペットボトルおよびプラスチック製容器包装が対象となっている．

また，資源の有効な利用の促進に関する法律（資源有効利用促進法）によって，スチール缶，アルミ缶，紙製容器包装，ペットボトルおよびプラスチック製容器包

プラ
プラスチック製
容器包装
飲料・酒類・特定調味料
用の PET ボトルを除く
1
PET
しょうゆ・飲料・酒類・
一部の調味料用の
PET ボトル
スチール
飲料用スチール缶
アルミ
飲料用アルミ缶
紙
紙製容器包装
飲料用紙パック
（アルミ不使用のもの）
と段ボール製のものを除く
段ボール製容器包装
紙パック
紙パック
（アルミ不使用のもの
に限る）

図 8.7　材料の識別マーク

装には，材質の区別ができる識別マーク（図8.7）が制定され，表示が義務付けされている．

c. 医薬品，医療機器等の品質，有効性及び安全性の確保等に関する法律（医薬品医療機器等法，旧薬事法，厚生労働省）

医薬品などの品質，有効性および安全性の確保が目的となっており，健康増進法の保健機能食品以外の食品が医薬品的な効能効果を表示することを禁止している．

演習 8-1　食品に関連する法律名を挙げ，各法律の目的について述べよ．
演習 8-2　食品中に含まれるアレルギー物質の表示について述べよ．
演習 8-3　栄養表示について述べよ．
演習 8-4　保健機能食品について述べよ．

9. 食品加工における HACCP

HACCP(ハサップ)(Hazard Analysis and Critical Control Point)とは,食品の製造・加工工程のあらゆる段階で発生するおそれのある微生物汚染などの**危害をあらかじめ分析**(hazard analysis)し,その結果に基づき,製造工程のどの段階でどのような対策を講じればより安全な製品を得ることができるかという**重要管理点**(critical control point)を定め,これを連続的に監視することにより製品の安全を確保する衛生管理の手法である.

1950年代に米国の食品会社とNASA(アメリカ航空宇宙局)が,陸軍の開発した方式を取り入れて開発した宇宙食の製造方法を,1973年にFDA(アメリカ食品医薬品局)が管理基準として導入し,1985年には米国科学アカデミーが推奨したことで本格的に普及した.

1993年には**コーデックス**が「HACCPシステム適用のためのガイドライン」を示し,推奨したことで国際標準化された.現在では,米国,EU諸国において法的義務付け,カナダ,オーストラリア,韓国などでは順次義務付けとなっている.日本でも,「食品衛生法」の改正により(第50条),2020年6月からすべての食品等事業者にHACCPの義務化が施行され,1年間の猶予期間を経て完全義務化される.

9.1 加工食品の安全性と品質管理

A. 食品に対する安全と安心

安全とは,科学的に裏付け(証明)された事実である.また,食品に含まれる添加物の濃度は,科学的根拠に基づいて法律により定められているので,食品の安全性は法律・規則とも密接な関係がある.一方,食品の**安心**は,消費者の主観によるものである.「安全」が科学的・法律的に保証されていても,消費者が不安を感じれば,安心が確保されているとはいえない.企業が食品工場で事故を起こす

と，それ以降，安全な加工食品を製造しても，消費者に安心を与えることは難しくなる．

HACCPの導入により社員の衛生管理に対する意識の向上を促し，企業として根拠のある安全・安心を提供することができる．

B. 品質管理方法

古くから行われてきた加工食品の品質管理方法として，最終製品の一部分を抜き取って調べる抜取検査がある．たとえば，工場で1万個作られたハンバーグ（最終製品）の中から10個だけ抜き取って，品質を確認するというものである．この方法では，検査しなかった残りの9,990個の製品の品質に不安が残る．新しい品質管理方法として登場したのが，HACCPであり，危害分析重要管理点という（図9.1）．最終製品から全体の状況を推測するのではなく，原材料や製造工程での危害の原因を明確にして，これらを重点的に管理する．HACCPのプランが適切に設定・運用されていれば，その製造ラインで作られるすべての製品の安全性が確保される．図9.2に，HACCP方式と従来方式（抜取検査）の違いを示した．

図9.1 「HACCP」は「危害分析重要管理点」

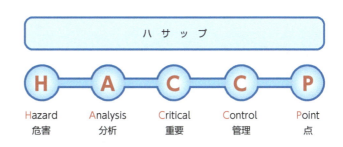

図9.2 HACCP方式と従来方式との違いの例

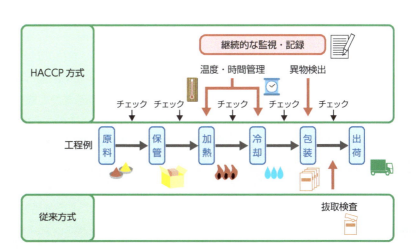

9.2 HACCPのもとになる活動・手順

HACCPのもとになるものとして，**食品衛生新5S**と**SSOP**がある．

A. 食品衛生新5S

食品衛生新5Sは，清潔な食品を供給するための活動として誕生した．5Sはもともと工業分野の作業の効率化を目指すために考案されたもので，整理，整頓，清掃，清潔，しつけという5つのSを意味している．食品製造ではとくに清潔を重視するので，清掃を拡大して，「洗浄」と「殺菌」が付け加えられた．これが，食品衛生新5Sあるいは**食品衛生7S**といわれるものである（図9.3）．

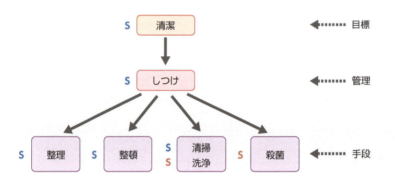

図9.3 食品衛生新5Sまたは食品衛生7S

B. SSOP

食品産業では「食品の安全性」を最重要点と考える必要がある．食品の安全性確保には，とくに**微生物**汚染に注意する必要がある．微生物は食中毒の原因となる．汚染に対して細心の注意が必要である．食品衛生新5Sにおける洗浄と殺菌は，**衛生標準作業手順**（sanitation standard operation procedures：SSOP）の中心的作業となる．SSOPの対象として，使用水の衛生管理，機械器具の洗浄殺菌，交差汚染の防止，手指の消毒・殺菌，有毒・有害物質・金属異物などの食品への混入といったさまざまなことが挙げられる．そのため，食品衛生新5Sを実践すればSSOPを行うことになり，さらにSSOPがもととなりHACCPによる食品の安全性確保が可能となる（図9.4）．

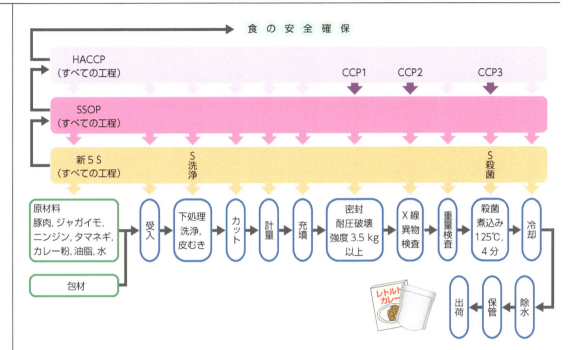

図9.4 食品の安全を確保するための流れとレトルトカレー製造工程における新5SやSSOPとHACCP

9.3 HACCP方式による食品衛生管理

A. HACCPによる品質管理

　HACCP方式の導入により，その製造ラインで作られる全食品（加工食品など）の安全性が確保される．ここでは，HACCPによる品質管理の具体例を，カレーという調理品で説明する．カレーの製造工程に煮込みがあるが，この工程での危害として食中毒菌の生残が考えられる．発生要因として加熱温度・時間の不足があり，防止措置として十分な加熱温度・時間の確保が必要となる．そのうえで，管理基準（温度と時間）を設けて，定められた方法で工程を観察する．もし，基準を満たしていない場合は，改善措置として再加熱を行う．この間の記録を残すことも重要である．このように，HA（危害分析）とCCP（重要管理点）を，システムとして管理する手法がHACCPである．

B. HACCP導入のための12手順

　HACCPには，7原則と5手順をあわせた「HACCP導入のための12手順」がある（図9.5）．7原則は，HACCPを実施するうえでの基本ルールである．原則1（危

危害要因分析のための準備段階	危害要因分析，HACCP プランの作成	
手順 1　HACCP チームの編成	手順 6　危害要因（HA）の分析	………原則 1
手順 2　製品についての記述	手順 7　重要管理点（CCP）の決定	………原則 2
手順 3　意図する用途の特定	手順 8　管理基準（CL）の設定	………原則 3
手順 4　製造工程一覧図の作成	手順 9　モニタリング方法の設定	………原則 4
手順 5　製造工程一覧図の現場での確認	手順 10　改善措置の設定	………原則 5
	手順 11　検証方法の設定	………原則 6
	手順 12　記録の保存方法の設定	………原則 7

図 9.5　HACCP の 7 原則と 12 手順
CL：critical limit

害分析)は，重要管理点(CCP)を正確に行うために重要である．食品製造における危害は，「生物学的危害」(有害微生物など)，「化学的危害」(農薬など)，「物理的危害」(危険異物混入など)の3つに分類される．原則1の危害分析を行ったうえで，原則2～6の項目の設定を行い，原則7にある記録の維持管理を適切に実施する．原則1～7は，同時にHACCPの手順6～12に相当する．手順1～5は，危害要因分析(手順6)を行うための準備段階における対応となる．

9.4　総合衛生管理製造過程と地域 HACCP

　厚生労働省の認証制度である「総合衛生管理製造過程」は，HACCPの考え方を取り入れた制度である．この制度は優れたものであるが，中小の事業者にとっては認証を得るためのハードルがやや高い．そのため，地方自治体による地域ハサップ(地域HACCP)と呼ばれる認証制度が徐々に増えている(いばらきHACCP，とちぎHACCPなど)．「あおもりHACCP」では，記録を必要最小限にとどめるなど，事業者が取り組みやすいように手順が簡略化されている．希望事業者は，保健所の指導を受けながら計画を作成し，保健所の現地調査や製品検査により衛生管理状況を検証する．認証を受けると，施設や製品に認証マークを掲げることができるなど，衛生管理に取り組む姿勢をアピールできるメリットもある．

演習 9-1　HACCP の歴史的な背景や流れについて述べよ．
演習 9-2　従来行われてきた食品の品質管理と HACCP の違いについて述べよ．
演習 9-3　HACCP 方式による衛生管理における 7 原則について述べよ．

第2編
おもな加工食品

10. 生産条件と食品成分

食品の材料となる動植物の栄養成分の量と質は，品種，飼育方法，栽培方法，天候，生息域/生育域などの影響を強く受ける．したがって，日本食品標準成分表では，国産・輸入の別，天然・養殖の別などが表示されている．

10.1 地域

牛肉の主要畜産国を見てみると，図10.1に示すように米国の生産量が多く，オーストラリアは輸出割合が高いことがわかる．日本は消費量の約6割を輸入している．

南北に長い日本は，北と南での温度差が大きいという特徴があり，北海道の年間平均気温が5～8℃，九州南部では17～20℃と15℃近く違う．このため，栽培できる農作物も多種多様である．近年，栽培技術や品種育成の高度化に伴って，日本でもさまざまな果実，野菜が栽培されるようになってきた．

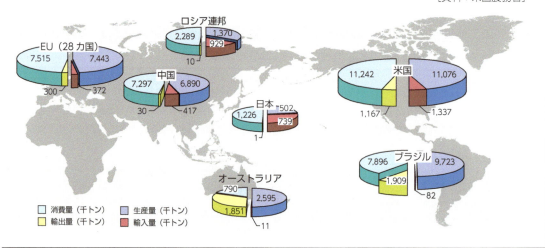

図10.1 牛肉の主要畜産国の需給（2014年，枝肉ベース）
［資料：米国農務省］

A. 栽培地域の広域化

　熱帯果樹であるマンゴーは，1970年代に沖縄県で栽培が始まり，1990年ごろには九州南部でも栽培され始めた．北海道で小麦の大規模栽培が始まったのも1970年代後半からである．このように，日本において各種農産物の栽培範囲が1970年代後半ごろから広がり始めた．果樹の品種改良や突然変異の発見は栽培地域の広域化を進めた．また，海外産の新たな果実や野菜の導入も地球レベルでの栽培地域の広域化である．

　近年，青果物に含まれる栄養成分の減少が指摘されている．このことに栽培地(気候/土壌)，品種改良による品質の変化，栽培方法(ハウス/路地)，流通時の栄養成分の消失(近郊/遠隔地，通常運搬/冷蔵運搬)などが原因ではないかといわれている．

B. 地域による特性

a. リンゴ

　リンゴは東北地方で盛んに栽培されており，国内生産量の75％程度を占めている(表10.1)．次いで長野県が20％前後である．広島県においても山間部で栽培されており，全体の0.2％程度であるが出荷されている．栽培地と栄養成分の比較をみると，温暖地でのリンゴは大玉となることが知られているが，糖度はリンゴの大きさに関係なく，ほぼ同じである．しかし，酸度は生育温度に影響を受けるため，温暖地でのリンゴは甘みは増すが，酸度は低く総合的にさわやかさに欠ける．

表10.1　日本国内のリンゴの生産量(2015年度)
［農水省のホームページより作成］

	都道府県	生産量(t)	割合(%)
1位	青森	811,500	57.9
2位	長野	470,000	19.4
3位	山形	157,200	6.2
4位	岩手	48,600	6.0
5位	福島	26,300	3.2
6位	秋田	22,900	2.8
7位	群馬	9,280	1.1
8位	北海道	7,660	0.9
9位	宮城	3,740	0.5
10位	岐阜	1,990	0.2
11位	富山	1,510	0.2
12位	広島	1,420	0.2
13位	山梨	913	0.1
14位	石川	754	0.1

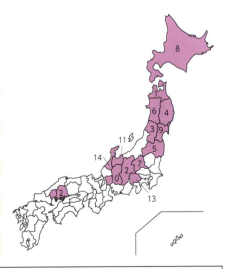

b. ブドウ

ブドウは，夏の気温が高く，日照時間の長い場所でよく栽培されている．代表的な産地として，山梨県や長野県は容易に想像できるが，大阪府や北海道も産地の一つである．ブドウもリンゴと同様に温暖地での果実は，糖含量は高いが酸度が低く品質的には低いといえる．地域により品質の高い農産物を生産するために，新たな品種の開発・導入，栽培方法の改良などが進められてきた．

c. 地域と品種

日本は平野部が少なく，国土の70％が山間部であることから，これらの特徴を生かし，中山間地域での多様な農産物の栽培が行われている．ただ，全国ですべての果実や野菜が同一品種を栽培しているわけではなく，その土地に合わせて栽培できる品種を選定し，栽培している．気候変動は果実の品質だけでなく，栽培地の南限を押し上げる形になってきている．

10.2 季節

春夏秋冬のある日本は，気温，日照量，降水量，積雪，台風など自然環境が農作物の栽培に影響を与えている．青果物には旬があり，その時期に収穫される青果物は栄養価に富んでいる．

A. 野菜の成分変動

野菜が含むおもな栄養成分は，無機質（ミネラル類）とビタミン類である．野菜の種類によって異なるが，無機質であるナトリウム，カリウムは栽培時期によって変動が見られ，その他の鉄，亜鉛，銅などの微量元素では大きな変動は見られない．しかし，ビタミン類，特にプロビタミンAであるカロテノイド，ビタミンCは栽培時期による変動が大きい（図10.2）．

B. 果実の成分変動

果物は，早く成長するものを早生（わせ），遅いものが晩生（おくて），その中間のものが中生（なかて）と分類する．成熟期間の違いにより，果物に含まれる成分の量にも違いが出てくる．

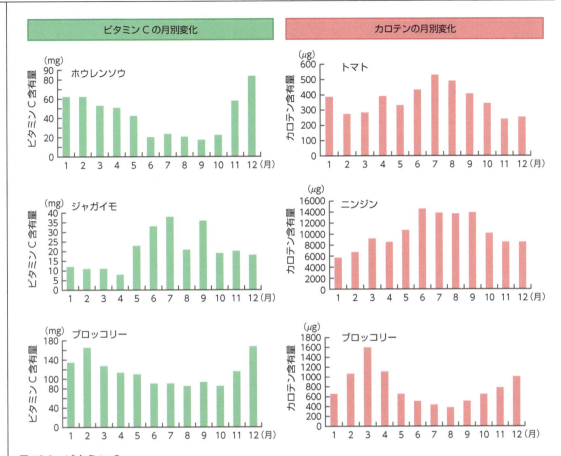

図10.2 ビタミンCおよびカロテン（ビタミンA）含有量の月別変化
［辻村卓，野菜のビタミンとミネラル，女子栄養大学出版部（2003）］

10.3 栽培条件

　野菜のミネラル成分は，季節的な変動が少ないが，これは，ミネラルは土壌成分の影響を強く受けるからである．1970年初めごろから野菜の周年栽培が一般化してきたが，その過程で栽培時期や栽培方法の違いが栄養成分に及ぼす影響についてさまざまな研究がなされてきた．

A. 野菜の栽培条件と栄養成分

　ホウレンソウの糖含量は，栽培時期の影響が強いが，その他，光環境・品種によっても影響を受ける．キャベツでは，品種・作型・収穫時期・施肥量が糖含量に影響を及ぼす要因であるとされている．多くの野菜では，遮光するとビタミンC含量が低下し，シソではビタミンCだけでなくカロテノイド（プロビタミンA）の

> 2001年3月22日の朝日新聞に,「ホウレンソウに含まれるビタミンCが, 20年前の半分に」という記事が載った. 食材のエネルギーやビタミン量を計算するために使われる「日本食品標準成分表 2015 年版（七訂）」の成分を, 四訂版（1982年）と比較するとホウレンソウ, コマツナなど 15 品目で減少している. たとえば, ホウレンソウのビタミンCは, 四訂版では 65 mg, 七訂版では 35 mg, コマツナのビタミンCも四訂版では 75 mg, 七訂版では 39 mg となっている（いずれも生の葉 100 g 中の量）. なぜこのようなことが起こっているのだろうか. 原因はいろいろ考えられている. 品種改良などを含む栽培方法の違い, 流通の違いなど多くの要因が考えられているが, はっきりとした原因はわかっていない. ただ, 現在では周年で野菜が流通しており,「旬」というのがわかりにくくなってきている.
>
> 1980 年代ごろから, 栽培状況が変わり, 露地栽培のほかに, ハウス栽培, 水耕栽培, 植物工場, 低温保蔵, 流通技術などの栽培・流通技術の進展により野菜は「旬」がなくなったといわれる. 四訂までの成分表示は「旬」である青果物の成分を基に記載されているが, それ以降のものでは, 周年的に出回る青果物の平均的な成分値を基にしているためではないかとも考えられる. データとして, 現在周年的に出回っているホウレンソウの「旬」の時期のビタミンC含量は, 四訂の値と変わらないという報告もある.

含量も低下するといわれている. 7月に収穫されるホウレンソウのビタミンC含量は年間を通して最も低い. これは6月, 7月は梅雨の時期で, 被覆資材を用いた雨よけ栽培が行われるためである.

近年の水耕栽培の普及は著しく, 培養液組成と栄養成分についての研究も多い. レタスの水耕栽培では, 培養液濃度を下げると糖, ビタミンC濃度が上昇するが, 生育量が低下することが明らかになっている. また, ホウレンソウでは, 収穫直前に短期間の水分ストレスを与えることにより, 収穫量を低下させることなく糖やビタミンの量を増やすことができる.

B. 果実の栽培条件と栄養成分

果実を年間を通じて栽培（周年栽培）することは難しく, 栄養成分に着目した栽培方法の開発が進められてきた. 糖度の高い果実を生産するためには, まず整枝, せん定によって樹形を整え, すべての葉に十分な光を当て, 光合成を盛んにして果実に十分な糖を集めることが重要である. そこで, 果実の糖度を上げるためには果実肥大期から成熟期にかけての樹体水分の吸収を抑制する必要がある. そのためにウンシュウミカンではマルチ栽培, 高うね栽培, 根域制限栽培, コンテナ

栽培などが行われている．リンゴなどで行われている矮性台木*を利用した栽培は，作業効率化だけでなく，光合成の同化産物がより多く果実へ移動することが知られている．

＊樹高を低くしたり，着果を促進するなどの目的で，接木する際の台になるほうをあまり成長しない木にすること．

演習 10-1 食用植物の栽培における地域的特徴について例を挙げて説明せよ．
演習 10-2 食用植物の栽培における季節的な要因について例を挙げて説明せよ．

11. 農産加工食品

　農産加工とは，一般に畜産物，水産物以外の食品（農産物）を加工，製造することをいう．ここでは穀類製品，豆類製品，いも類製品，野菜・果実類製品，キノコ類製品について述べる．なお，発酵食品および香料については，他の章で述べる．

11.1 穀類製品

　穀類には，イネ科に属する米，小麦，大麦，トウモロコシ，アワ，ヒエ，キビなどと，タデ科のソバ，ヒユ科のアマランサスなどがある．特に，米，小麦，トウモロコシは生産量が多く，三大穀類といわれる．穀類は 60 ～ 80％の炭水化物を含み，その大部分はデンプンであり，タンパク質が 10％程度，脂質が 3％程度で他に無機質，ビタミンが含まれる．無機質ではリン，カリウムが多く，カルシウムは少ない．ビタミンではビタミン B 群，ビタミン E が含まれているが，ビタミン C は含まれていない．デンプン以外の成分（ミネラルやビタミン）は胚芽，糠層部分に多く含まれているため，精白あるいは製粉を行う際に失われる．穀類は，主食として摂取する量が多く，古来よりエネルギー源として重要な食料であり，また家畜の重要な飼料でもある．

A. 米の加工

　米は中国，インド，インドネシア，バングラデシュ，ベトナム，タイなどが主要産国でおもにアジア地域で生産される．

　米は稲の種子である．収穫時には籾殻（枠）で包まれており，籾という．この籾殻を除いたものを玄米という（図 11.1）．米は胚乳部は硬く，糠層（果皮，種皮，糊粉層）はやわらかく，容易に除くことができるため，精白して粒のまま利用されることが多い．加工品としては清酒，ビール，味噌などの醸造品として，また，米菓，餅，

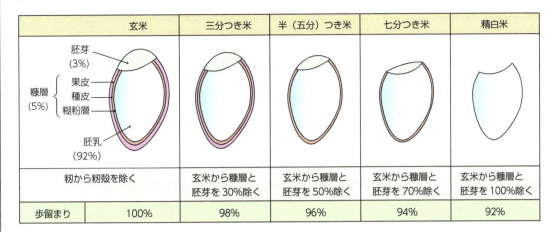

図 11.1 米の構造と搗精

表 11.1 米粉の種類と用途

米粉	使用原料	種類	用途
生粉製品（β型）	もち精白米	白玉粉	白玉団子，ぎゅうひ，しるこ，大福餅など
		もち米	もなか，もち団子，しるこ，大福餅など
	うるち精白米	上新粉	だんご，柏餅，草餅，ういろうなど
		新規用途米粉	米粉パン，米粉麺，米粉ケーキなど
糊化製品（α型）	もち精白米	寒梅粉	押菓子，豆菓子，重湯用など
		みじん粉	和菓子など
		道明寺粉	和菓子など
		上南粉	玉あられ，桜餅，椿餅，おこし，天ぷら粉用など
	うるち精白米	みじん粉	和菓子など
		上南粉	和菓子など
		乳児粉	乳児食，重湯用など

和菓子などの加工用原料として利用される．

(1) 精米 国産米の流通は，炊飯が困難で消化および食味も悪い玄米で行われている．玄米は精米機によって精白（搗精）され，糠層と胚芽を除き精白米として利用される．糠層と胚芽の除去率は，玄米を0%とすると，三分つき米は30%，半（五分）つき米50%，七分つき米70%，精白米100%となる．胚芽米は胚芽を80%以上残すように精白したもので，ビタミンB_1含量が高い．

(2) 米粉 米粉は，米を製粉したもので，白玉粉や上新粉などは，おもに米菓，和菓子原料として用いられる（表11.1）．米粉の加熱の有無により生粉製品（β型）と糊化製品（α型）がある．近年，気流粉砕など製粉技術の向上により微細米粉の製造が可能になり，新規用途米粉として米粉パンや米粉麺の加工に使用されている．

(3) ビーフン ビーフンは，うるち米を原料とした麺である．うるち米を蒸煮して，半糊化したものを混捏し，圧力を加え細孔から押し出した麺線を，再び蒸

煮する．完全に糊化したものを，急冷・乾燥して製品とする．わが国でもつくられるが，中国，東南アジアで広くつくられている．日本でつくられるビーフンには，副材料としてジャガイモデンプンを用いたものもある．

(4) 強化米　米食中心のわが国の食生活において，精白米の栄養的な欠陥を補うために，ビタミンB_1などのビタミン補給を目的として製造されたのが**強化米**の最初である．最近はビタミンB_1，B_2だけでなく，ナイアシン，パントテン酸，ビタミンE，カルシウム，鉄，アミノ酸などを添加しているものもある．精白米の表面にビタミンやミネラルをコーティングした強化米は，学校給食にも取り入れられている．また，強化米は東南アジア諸国においても広く利用されている．

(5) アルファ化米　炊飯によって糊化した（α化）米飯を急速に乾燥して水分を5％程度とし，デンプンをα化した状態で保蔵できるようにしたものを**アルファ化米**という．アルファ化米は熱湯や冷水を注入することで飯の状態になるので，近年は災害時の備蓄食としても勧められている．

B. 小麦の加工

小麦は中国，インド，ロシア，米国，フランス，カナダなどが主要生産国で，比較的寒冷で乾燥した地域で多く生産される．日本は国内消費の90％近くを輸入に頼っている．

小麦は一般に，播種期，粒色，粒質などにより分類される．播種期では，秋に播種する冬小麦，春に播種する春小麦がある．日本を含め世界のほとんどの小麦は**冬小麦**である．種粒の外観による分類では，赤色小麦，白色小麦に分けられる．また，小麦粒の組織が緻密で，粒の切断面が半透明のものを硝子質小麦，白く不透明なものは粉状質小麦，さらに，胚乳組織の硬さで硬質小麦，軟質小麦などに分けられる．用途による分類としては，小麦粉に含まれるタンパク質（**グルテン**）含量の多い順に**強力粉**（パン用小麦），**中力粉**（麺用小麦），**薄力粉**（菓子用小麦）がある（表11.2）．小麦は，胚乳部がやわらかく，外皮は砕けにくいという性質により，製粉して利用される．これは小麦の最も特徴的な成分であるグルテンの性質を多種多様な二次加工品に利用しやすいようにするためでもある．

(1) パン　パンは，小麦粉に水を加えてこねた生地（**ドウ**）を焼き上げたものの総称である．一般的に生地に二酸化炭素（炭酸ガス）を発生させて組織を膨化したものをいう．**酵母**（**イースト**）を用いて二酸化炭素を発生させる**発酵パン**と，ベーキングパウダーなどで生地をふくらませる**無発酵パン**がある．ヨーロッパのパンは小麦粉に水と食塩だけ（またはライムギを加える）でつくられるが，日本では小麦粉に酵母，食塩，砂糖のほかにショートニング，牛乳などを加えることが多い．

パンの製造方法には，**直捏法**（じかごね），**中種法**（なかだね），**液種法**（えきだね）がある．直捏法は全材料を一度に混合して発酵させる方法である．温度管理や生地の取り扱いが難しいが，小麦

表11.2 小麦粉の種類と用途

	薄力粉	中力粉	強力粉	デュラム・セモリナ
タンパク質含量	7〜9%	9〜11%	11〜13%	11〜14%
グルテンの量	少ない	中くらい	非常に多い	多い
グルテンの性質	弱い	強く、よく延びる		非常に強いが、延びない
こね方	あまりこねない	こねる	よくこねる	真空中でこねる
おもな用途	カステラ、ケーキ、和菓子、てんぷら、ビスケット	即席麺、うどん、そうめん、中華麺	食パン、菓子パン、パン粉、フランスパン、中華麺	マカロニ、スパゲッティ
おもな原料小麦	軟質小麦	軟質冬小麦 中間質小麦	硬質冬小麦 硬質春小麦	デュラム種（粗挽き）

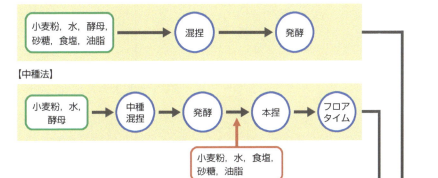

図11.2 パンの製造法
[桑原祐二，食品保蔵・加工学（海老原清ほか編），p.63，講談社（2008）より改変]

粉の特徴を反映した風味のよい製品ができる．中種法は，原料小麦粉の40〜70%と水，酵母だけで生地（中種）をつくり，これを発酵させ，残りの材料を混合して製造する．液種法は，酵母，砂糖，水を混合して，液体中に酵母の発酵生成物をつくり，小麦粉を加え，こねて製造する．直捏法は，比較的小規模の工場での製造に適している．中種法は発酵条件などに融通がきくため，均質なパンができやすく，大量生産に適し，また，製品も容積が大きくソフトなため，日本，米国で最も多く用いられている（図11.2）．

(2) 麺類 麺類は，小麦粉，ソバ粉，米粉，デンプンなどを水でこね，細長く線状に成形した食品の総称である．成形方法は，①拠り延べ式（手延べそうめん），②線切り式（うどん），③押し出し式（マカロニ，スパゲッティ，はるさめ，ビーフン）などがある．また，生麺，ゆで麺，冷凍麺，乾麺，即席麺などに分類される（図11.3）．

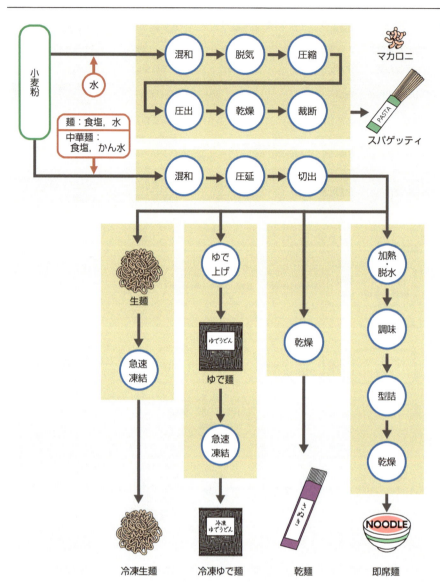

図 11.3 各種麺類の基本工程
[桑原祐二，食品保蔵・加工学（海老原清ほか編），p.65，講談社（2008）より改変]

　うどん類の製造では，中力粉に食塩水を加え，製麺適性のよい生地を形成することがポイントとなる．麺類の物性や食感には，グルテンとともに，デンプンの性状が大きく影響する．小麦粉の一部を**タピオカ加工デンプン**に置き換え，麺類の食感改良と保蔵時の食感劣化抑制を行うものもある．手延べそうめんは，生地の表面に油を塗り，延ばしてつくるもので，梅雨の時期を越したものがよいとされる．即席麺は，麺線製造後，加熱して麺を糊化させ，保蔵と糊化維持のため乾燥させる．乾燥は，油揚げによる脱水や，熱風乾燥による．中華麺は準強力粉を使用し，かん水（炭酸カリウム，炭酸ナトリウム，重そうなどの混合液）を加えてこねる．

かん水はアルカリ性であるため，小麦粉のフラボノイドが変色して黄色を呈する．ソバや他の穀類の粉を用いて麺類を製造する場合はグルテンが形成されないため，卵などを粘着剤(つなぎ)として添加する．

C. トウモロコシの加工

トウモロコシは，米国，中国，ブラジル，アルゼンチンなどで生産され，食料および飼料として広く利用される．日本でのトウモロコシ生産量はかなり少なく，ほとんどを米国からの輸入に頼っている．食用には，未成熟なものは生食，冷凍，缶詰などに利用される．完熟種はおもにコーンスターチとして利用され，ほかにコーンミール，コーンオイルあるいはポップコーンなどに利用される．

(1) コーンスターチ　トウモロコシからデンプンのみを沈殿させ，分離精製，乾燥させたものである．ブドウ糖，水あめの原料，てんぷら粉，菓子類，アイスクリームなどに用いられる．

(2) コーンミール　トウモロコシの胚乳部の角質をひき割りした粉で，胚芽，皮部は含まない．胚芽が除かれているため，シェルフライフ(日持ち期間または賞味可能な期間)が長い．小麦粉に混ぜて用いられることが多い．

(3) コーンフラワー　トウモロコシを粗砕し，アルカリ処理でタンパク質と脂質を除去したもので，デンプンを主体とした細粉である．各種パン用ミックス，ソーセージなどの結着剤などに利用される．

(4) コーンフレーク　トウモロコシの胚芽を除かず，アルカリ処理と高温加熱によって果皮を除去し，調味料(砂糖，塩など)を添加して，蒸煮，乾燥，圧偏して焙焼したものである．

11.2　豆類製品

食用豆類は約70～80種類ほどである．豆類は子葉部を食用とし，デンプンあるいは脂質のほかにタンパク質に富むものが多い．加工用原料としては，タンパク質や脂質を主成分とする大豆などと，デンプンやタンパク質に富むアズキ，インゲンマメ，ソラマメ，エンドウなどに大別される．

A. 大豆の加工

大豆の生産はアメリカを中心として，ブラジル，アルゼンチン，中国で作られている．大豆はタンパク質約35%，脂質約20%を主成分とした栄養学的に優れた食品である．また，大豆に含まれる機能性成分であるイソフラボンは，女性ホルモン様作用を発揮し，骨粗鬆症の予防に有用とされている．わが国では古くか

ら，タンパク質などを抽出・凝固させた豆腐，**湯葉**あるいは微生物を利用した味噌，醤油，納豆などの大豆を利用した伝統食品がある．近年消費が伸びている大豆食品として**豆乳**，豆乳飲料，調製豆乳などがある．生大豆には，**トリプシンインヒビター**のような生食すると有害な成分も存在するが，加熱すれば無害になる．大豆の主要タンパク質であるグリシニンは，グロブリンの一種であり水に不溶性であるが，大豆を摩砕処理すると大豆中の塩類の溶出に伴い可溶化される．

(1) 豆腐　　**豆腐**は大豆を磨砕し，加熱・濾過した豆乳に凝固剤（塩化マグネシウム＝にがり，硫酸カルシウム＝すまし粉，グルコノデルタラクトン）を加え，タンパク質とともに油分などを凝固させたものである（図11.4）．豆腐は製法により，もめん豆腐，絹ごし豆腐，ソフト豆腐，充填豆腐などがある．また，豆腐の加工品には，焼き豆腐，油揚げ，厚揚げ，がんもどき，凍り豆腐などがある．湯葉は豆乳を加熱凝固（熱変性）させたものである．

もめん豆腐は，原料大豆に対する加水量を10〜11倍とし，磨砕・加熱後，濾過して得られた豆乳に凝固剤を加えて凝固させたものである．凝固は，豆乳中のタンパク質（おもにグリシニン）が凝固剤によって変性して起こる．凝固物は，孔のあいた型箱に入れて軽く圧搾し，湯を除いて固める．もめん豆腐は大豆1 kgから4〜5 kgできる．**絹ごし豆腐**は，もめん豆腐より濃い豆乳に凝固剤を加えて，孔のない型箱で豆乳全体をなめらかな状態に凝固させたものである．凝固剤にはグルコノデルタラクトンも使用される．グルコノデルタラクトンは加熱するとグルコン酸が生成し，これがタンパク質を凝固させる．

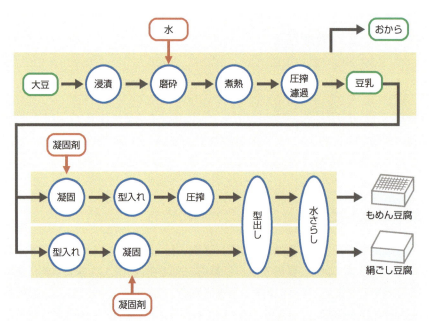

図11.4　豆腐の製造法
[桑原祐二，食品保蔵・加工学（海老原清ほか編），p.67，講談社（2008）より改変]

(2) 凍り豆腐　　凍り豆腐は高野豆腐，凍み豆腐ともいう．豆腐を凍結変性させ，脱水乾燥させたもので，日本独自の加工品である．古くは自然の寒気を利用していたが，今日では人工凍結技術により品質の優れたものが生産されている．製造法は，やや硬めの豆腐を，急速凍結させ，冷蔵室に保蔵する．熟成（もや）を行い，タンパク質を凍結変性させて，凍り豆腐特有のスポンジ状（海綿化）とする．さらにアルカリ塩類の溶液（かん水）に浸漬して，調理の際利用しやすいよう膨軟加工処理を施し，脱水乾燥させて製品とする．

(3) 油揚げ　　油揚げは薄く切った豆腐を油で揚げたもので，原料の豆腐の3倍以上の面積に膨化する．油揚げ用の豆腐は，①加熱温度を低めにする，②加熱時間を短縮する，または③加熱後に急冷するなどして，タンパク質の加熱変性を抑える．油で揚げる工程は，まず110～120℃で豆腐を大きく延ばし，180～200℃で延ばし完了させ，同時に表面に張りをもたせる．

(4) 大豆タンパク質食品　　大豆タンパク質食品は，脱脂大豆から主成分であるタンパク質を抽出したものである．形態別には，粉末状，繊維状，粒状があり，加工法では，脱脂大豆からタンパク質と糖質を抽出し，等電点沈殿させた分離大豆タンパク質と，脱脂大豆の可溶性成分を糖質とともに濃縮した濃縮タンパク質がある．これらは乳化性，粘稠性，起泡性，結着性，吸油性，保水性などのさまざまな機能性が認められている．ハム，ソーセージなどの畜産加工品，練り製品などの水産加工品，ギョウザ，シュウマイなどの惣菜食品，その他，製菓，製パンなど広い分野で利用されている．また，大豆タンパク質はアミノ酸組成が優れているだけでなく，血中コレステロールを低下させる生理機能を有しており，特定保健用食品の関与成分として認定されている．

B. アズキの加工

アズキの成分はタンパク質約20%，デンプン50～55%，脂質約2%であり，デンプンが多く含まれる．アズキは粒の大きさにより大納言種と普通種に分けられる．大納言種は甘納豆，赤飯などに，普通種は練りあん，粒あんなどに利用される．あん（餡）はアズキを煮てつぶしたもので，外皮を除いたこしあんと水洗して乾燥したさらしあんがある．アズキはサポニンを0.3%程度含むので，ゆでると起泡性を示す．アズキの表皮部にはアントシアニンなどのポリフェノールが含まれ，抗酸化作用がある．アズキのほかにインゲンマメ，ソラマメ，エンドウ，ササゲ，リョクトウなどの豆類からもあんはつくられる．

11.3 いも類製品

いもとは，多年生植物で根，根茎がデンプンやその他の貯蔵成分によって肥大したものをいう．サツマイモ，ヤマノイモは根が肥大したものであり，ジャガイモ，サトイモ，コンニャクイモなどは根茎が肥大したものである．わが国では加工用原料としておもにジャガイモ，サツマイモ，コンニャクイモが利用される．

A. ジャガイモ

ジャガイモはデンプンを多く含み，収穫直後は糖分が少ない．デンプン，はるさめ，マッシュポテト，ポテトチップスなどに加工される．ジャガイモは一般には0～8℃で保蔵されるが，0～5℃以下の低温で保蔵した場合はデンプンが糖化して着色の原因となり，ポテトチップスやフレンチフライなどの加工原料としては使えない．そのため，20℃で1～2週間ほどおき，再びデンプンに戻して原料とすることがある．これをリコンディショニングという．

B. サツマイモ

サツマイモは，糖分が2～7%とジャガイモの0.3～0.9%に比べて高く，甘味が強い．サツマイモは，強力なβ-アミラーゼ(糖化アミラーゼ)を含んでおり，蒸す，煮る，焼くことによってデンプンが分解され，麦芽糖（マルトース）を生成し，さらに甘味が強くなる．加工食品としては，デンプン加工用以外に，蒸し切り，スイートポテトチップス，いもかりんとう，焼酎などがある．サツマイモを生のままあるいは蒸してから7～8mmの厚さに薄切りし，乾燥したものが蒸し切り(干しイモ)である．

C. コンニャクイモ

コンニャクイモの主成分はグルコマンナンで，デンプンはわずかである．グルコマンナンは多量の水を吸収して膨潤し，これにアルカリ（一般に水酸化カルシウム水溶液）を添加して加熱するとゲル化して凝固する．この性質を利用して製造されたものがコンニャクである．コンニャクは生イモから製造する場合と，イモから得られる精粉から製造するもの，あるいは生イモと精粉を混合して製造する方法がある（図11.5）．コンニャクの製造のほかに，ゼリー，コンニャクうどん，その他増粘剤として広く利用されている．グルコマンナンはヒトの消化酵素によって分解されない．コンニャクには栄養素的価値はほとんどないが，食物繊維としての働きがある．ゲル化していないグルコマンナンには血中コレステロール低下作

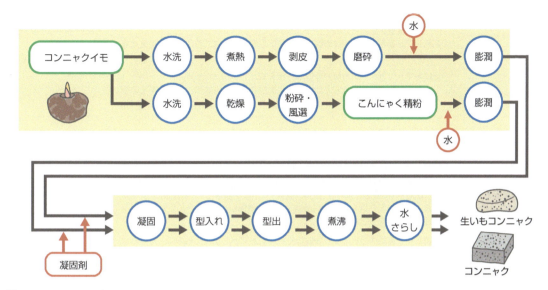

図11.5 コンニャクの製造法

用,血糖値上昇抑制効果が認められている.

11.4 野菜・果実類製品

A. 野菜

野菜は,水分を80〜90%含み,ビタミンやミネラルなどの微量栄養素や食物繊維の供給源として,また特有の芳香や色を持つことから食卓にいろどりを与える副菜として食生活に欠かすことのできない食品群である.また近年,野菜に含まれる微量成分がさまざまな生理作用を持つことが明らかになり,栄養素以上の健康維持効果(機能性)が野菜に期待されている.

野菜は,収穫後も生命活動を維持しているものが多く,呼吸による栄養素の分解や蒸散による水分量の低下などによる品質の低下が早い.また,ビタミンや芳香成分,色素などは収穫後の保蔵や加工・調理過程での減少が大きいため,他の食品に比べ鮮度が重要であり,また取り扱いにも注意が必要となる.加えて,その収穫は季節に左右されるため,年間を通じて生鮮品を供給することは難しい.したがって,各種の加工が行われ,保蔵性を高めている.

野菜の加工品は,漬物,缶詰,瓶詰,野菜飲料,冷凍野菜などがある.また近年では生活スタイルの多様化や外食産業の発達により,カット野菜の生産も盛んになっている.加工時は,野菜が持つ栄養特性や色調,芳香性などを損なわずに

表11.3 トマトのおもな加工品（JASによる）
［トマト加工品の日本農林規格］

トマトジュース	①トマトを破砕して搾汁し、または裏ごしし、皮、種子などを除去したもの、またはこれに食塩を加えたもの ②濃縮トマトを希釈して搾汁の状態に戻したもの、またはこれに食塩を加えたもの
トマトピューレー	①濃縮トマトのうち、無塩可溶性固形分が 8%以上 24%未満のもの ②①にトマト固有の香味を変えない程度に少量の食塩、香辛料、タマネギその他の野菜類、レモンまたはpH調整剤を加えたもので無塩可溶性固形分が 24%未満のもの
トマトペースト	トマトピューレーよりさらに濃縮されたもので、ペースト状を呈し、無塩可溶性固形分が 24%以上のもの
トマトケチャップ	①濃縮トマトに食塩、香辛料、食酢、砂糖類およびタマネギまたはニンニクを加えて調味したもので可溶性固形分が 25%以上のもの ②①に酸味料（柑橘類の果汁を含む）、調味料（アミノ酸など）、糊料など（タマネギおよびニンニク以外の農畜水産物ならびに着色料を除く）を加えたもので可溶性固形分が 25%以上のもの
トマトソース	①濃縮トマトまたはこれに皮を除去して刻んだトマトを加えたものに、食塩および香辛料を加えて調味したもので可溶性固形分が 8%以上 25%未満のもの ②①に食酢、砂糖類、食用油脂、酒類、タマネギ、ニンニク、マッシュルームその他の野菜類、酸味料、調味料、糊料などを加えたもので可溶性固形分が 8%以上 25%未満のもの

加工することが重要である.

a. トマト加工品

果肉が厚く堅固で、色沢が鮮紅色な加工用品種のトマトを用いる．トマトの色調はおもにリコピン（リコペン）由来であり、加工用のトマトはその含量が多い（7～9 mg/100 g）．トマトの加工品では、特徴的な風味と色を保持することが重要である．温度、酸素、金属イオン（銅、鉄イオン）の影響で容易に品質が劣化するため、加工時には注意が必要である．JASで規定されたトマト加工品のおもなものを表11.3に示す．また近年では、特別な栽培法で作られた高糖度トマトを利用したトマトジュースやトマトピューレなども販売されている．

b. 乾燥野菜

野菜の乾燥は水分を減らし保蔵性を高めるために行われる．乾燥の際に風味やテクスチャーの変化が生じ、生野菜とは異なる食材となる．日本では、天日乾燥法によりかんぴょう（ユウガオの果肉）や切り干し大根が生産されてきた．一方、インスタント食品用に、熱風乾燥や真空凍結乾燥により製造される乾燥野菜もある．これらは元の野菜の色や食感を復元できることが重要視される．そのため、乾燥工程前にブランチング処理や、トレハロース浸漬が行われる．特に復元性が求められる場合は真空凍結乾燥法が用いられる．

c. 冷凍野菜

野菜を急速冷凍し−18℃以下で冷凍保蔵、流通させる．野菜を冷凍する際、氷の体積膨張より細胞が傷つけられドリップが出やすくなる．そのため、急速冷凍を行いできるだけ氷晶サイズを小さくする必要がある．また、野菜はリポキシ

ゲナーゼ（脂質酸化：臭気，風味の劣化），ポリフェノールオキシダーゼ（フェノール類の酸化・重合：褐変，変色），アスコルビン酸オキシダーゼ（アスコルビン酸の酸化：褐変，変色）などの酵素を含んでいる．これら酵素は低温でも活性を失わず，冷凍中は徐々に，解凍後は急速に品質を劣化させる．したがって，凍結前に生蒸気や熱湯などで**ブランチング**を行い，組織を軟化し酵素を失活させ，半調理状態にした後に冷凍する．冷凍野菜に適する野菜として，ジャガイモ，ホウレンソウ，サトイモ，ニンジン，ゴボウ，ネギ，エンドウなどが挙げられる．

d. 缶詰・瓶詰

アスパラガス，グリンピース，タケノコ，スイートコーンなどが**水煮品の缶詰**の代表例である．前処理した野菜を缶に詰め，水あるいは食塩水を充填し，脱気後密封し，加熱殺菌を行う．その後，水で急冷し製品とする．トマト加工品の缶詰では充填液としてトマトジュースやトマトピューレを用いる．また充填液を少量，あるいはまったく使わずに缶内を減圧した状態（大気圧−80 kPa以上）で密封し加熱殺菌を行う**高真空缶詰**があり，きんぴらごぼうや卯の花など総菜の缶詰として市販されている．

瓶詰はメンマ，クリ，ラッキョ，キムチなどが挙げられる．これらは醤油漬け，酢漬け，砂糖漬けなどに加工し，保蔵性を高めた状態で瓶詰にされる．製造工程は缶詰とよく似ているが，容器の耐久性の点から急冷は行わず，空冷する．また酢漬けや漬物の瓶詰の場合，製品のpHが低く腐敗しにくいこと，酸による品質の劣化が大きいことから加熱殺菌を行わない．

e. 漬物

漬物は，食塩を主体とした液（漬床）に野菜を入れ食塩の脱水作用，素材が持つ酵素の作用，微生物の発酵作用などによって，保蔵性を高め，風味や食感を付与した食品である．野菜を塩漬けにすると，浸透圧の差により原形質分離が起こり，細胞膜が破壊される．その結果，細胞内容物と食塩水が混合し，食塩は野菜の組織内に浸透する．また野菜自身が持つ酵素，乳酸菌や酵母，漬床に含まれる酵素の働きで二次的な風味が形成され，漬物ができる．現在では，健康志向の高まりにより低塩漬物が主流であるが，保蔵性が低いため冷蔵保蔵，またはpH調整やアルコールの添加により保蔵性を高めている．

f. カット野菜

野菜を使用する大きさに裁断し包装したもので，加熱調理用と生食用がある．野菜の非可食部や異物を除去した後，洗浄し規定の大きさに裁断する．その後，殺菌，洗浄，包装を経て冷蔵で保蔵される．加熱料理用は，加熱殺菌で，生食用は，希薄な次亜塩素酸ナトリウム水溶液，オゾン水，酸性電解水（塩化ナトリウム水溶液を電気分解した際に陽極に生じる次亜塩素酸水溶液，食品添加物名：次亜塩素酸水）を用いた薬剤殺菌を行う．またpHの調整や，脱気包装，窒素充填包装，真空包装

などにより切断面の酸化変色を押さえている．

B. 果実

果実は野菜と同様に，ビタミンやミネラルなどの供給源として広く食される生鮮食品である．また，一般に甘みが強く，程よい酸味を有するため野菜に比べて嗜好性の高い食品である．栄養素として，果糖をはじめとする糖分，カリウムなどのミネラル，ビタミンCやカロテノイド類，ペクチンなどの食物繊維を豊富に含む．加えて，アントシアニン類やフラボノイド類，β-クリプトキサンチンなどの機能性成分にも注目が集まっている．

果実は，水分が多く，肉質が柔らかく，さまざまな酵素を含むため一般に保蔵性が悪い．したがって，季節，地域を問わず安定供給を行うために，乾燥，冷凍，砂糖漬などのさまざまな加工を行っている．また，未熟なうちに収穫し，収穫後に成熟させる場合がある．これを追熟といい，保存期間の延長が期待できる．追熟は，バナナ，西洋ナシ，キウイフルーツなどで行われている．基本的には未熟な果実を収穫し，加温・加湿した保蔵庫（室）内に放置し成熟を促進する．また，庫内の空気にエチレンガス（植物の成熟ホルモン）や二酸化炭素を混入し追熟を促すことがある．追熟条件は果物によって異なるため最適な条件に設定することが重要である．また，CA貯蔵やMA貯蔵などの保蔵法により長期間にわたる保蔵を行っている．

a. ジャム類

ジャム類は，JASによりジャム，プレザーブスタイル，マーマレード，ゼリーの4つに分類されている（表11.4）．日本においては，イチゴ，ブルーベリー，リンゴ，アンズを原料としたジャム，マーマレード，複数の果実を原料としたミックスジャムが多く生産されている．

多くの果実はペクチンというガラクツロン酸を主体とする多糖類を含み，果実の硬さや，ジャムのゲル形成に重要な役割をしている．ペクチンは，プロトペクチン，ペクチニン酸，ペクチン酸に大別され，食品加工ではペクチニン酸が利用されている．ペクチニン酸は構成糖であるガラクツロン酸のカルボニル基が一部メチルエステル化（-COOCH$_3$）している．メチルエステル化したカルボン酸の割合をもとに，高メトキシル（HM）ペクチン（エステル化度42.9%以上）低メトキシル（LM）ペクチン（エステル化度42.9%未満）に分類され，それぞれゲル化の条件が異なる．HMペクチンは，ゲル化に高濃度の糖（60〜65%）と酸性条件（pH 3.2〜3.5）が必要である．果物の糖分と有機酸だけでは不足するため，ジャムの製造時には糖を加えpHを調整する必要がある．また65%以上の糖濃度では水分活性が0.85以下になり，細菌や酵母の増殖が抑えられ，保蔵性が増す．

一方LMペクチンは，カルシウムイオンなどの二価の金属イオンの存在下でゲ

表 11.4 ジャムの種類（JAS による）
［ジャム類の日本農林規格］

ジャム類	①果実，野菜または花弁（以下「果実等」と総称する）を砂糖類，糖アルコールまたは蜂蜜とともにゼリー化するようになるまで加熱したもの ②①に酒類，柑橘類の果汁，ゲル化剤，酸味料，香料などを加えたもの
ジャム	ジャム類のうち，マーマレードおよびゼリー以外のもの
マーマレード	ジャム類のうち，柑橘類の果実を原料としたもので，柑橘類の果皮が認められるもの
ゼリー	ジャム類のうち，果実等の搾汁を原料としたもの
プレザーブスタイル	ジャムのうち，ベリー類（イチゴを除く）の果実を原料とするものにあっては全形の果実，イチゴの果実を原料とするものにあっては全形または2つ割りの果実，ベリー類以外の果実などを原料とするものにあっては5 mm 以上の厚さの果肉などの片を原料とし，その原形を保持するようにしたもの

表 11.5 主要なジャム原料の糖度，酸度，ペクチン量

果実	糖度	酸度	ペクチン量	酸味（有機酸）
イチゴ	5〜11	0.5〜1.0	0.6 内外	おもにクエン酸
リンゴ	10〜15	0.5〜1.0	0.6 内外	おもにリンゴ酸
ブルーベリー	10〜16	0.5〜1.0	0.6 内外	おもにクエン酸
アンズ	7〜8	1.2〜2.3	0.8 内外	おもにリンゴ酸，クエン酸

ル化する．これはカルシウムイオンがカルボキシ基と結合することで，ペクチン分子間を架橋しゲルを形成するためである．LM ペクチンのゲル形成は，糖濃度や pH の影響を受けにくいため，低糖度ジャムの製造に用いられる．ペクチンの少ない果実でジャムを作る場合は，別途ペクチンを加えたり，カラギーナンやアルギン酸などのゲル化剤を添加する場合がある（表11.5）．

b. 果実飲料

果実飲料は JAS により，果実ジュース，果実ミックスジュース，果粒入り果実ジュース，果実・野菜ミックスジュース，果汁入り飲料に分けられる（表11.6）．原料となる果実はミカン，オレンジ，リンゴ，ブドウ，モモ，パイナップルなどが挙げられる．果実は搾汁前に洗浄し，果実の構造に合わせて裁断や粉砕などの前処理を行う．果実の性状が異なるため，果実に合わせた搾汁方法が用いられる．

おもな搾汁法として，①圧搾式（リーマー型，油圧プレス型，ベルトプレス型，キャタピラー型，ローラー型，スクリュープレス型，全果搾汁インライン型），②遠心分離式（ギナ型，デカンター型），③うらごし式（パルパーフィッシャー型）が挙げられる．ユズ，カボス，スダチなどの香酸柑橘は飲料用とだけでなく，ポン酢などの調味料の原料としても利用される．これらは強く圧搾すると種から苦み成分が混入するため，搾る力を調整し種をつぶさないようにしている．搾汁後の残渣は，ペクチンの原料（リンゴ），食品香料の原料（柑橘類）などに利用されている．

表 11.6 果実飲料の種類（JAS による）
［果実飲料の日本農林規格］

果汁	濃縮果汁	果汁を濃縮したもの，もしくはこれに果汁，濃縮果汁，もしくは還元果汁を混合したもの，またはこれらに砂糖類，蜂蜜などを加えたもの
	還元果汁	濃縮果汁を水で濃縮前の濃度に希釈したもの
果実ジュース		1 種類の果実の果汁もしくは還元果汁またはこれらに砂糖類，蜂蜜などを加えたもの
果実ミックスジュース		2 種類以上の果汁もしくは還元果汁を混合したものまたはこれらに砂糖類，蜂蜜などを加えたもの
果粒入り果実ジュース		果汁もしくは還元果汁に柑橘類の果実のさのうもしくは柑橘類以外の果肉を細切したものなどを加えたもの，またはこれらに砂糖類，蜂蜜などを加えたもの
果実・野菜ミックスジュース		果汁もしくは還元果汁に野菜の搾汁もしくは裏ごしし，皮，種子などを除去したものを加えたもの，またはこれらに砂糖類，蜂蜜などを加えたもの．
果汁入り飲料		①果汁を希釈したもの，還元果汁を希釈したものもしくは還元果汁および果汁を希釈したものまたはこれらに砂糖類，蜂蜜などを加えたもののうち，飲料中に占める果汁の割合が 10%以上 100%未満のもの ②希釈して飲用に供するものであって，希釈時の飲用に供する状態が①に掲げるものとなるもの

c. 缶詰

缶詰にされる果物は，ミカン，モモ，パイナップル，リンゴ，アンズがあり，中でも日本で生産量が最も多いのがウンシュウミカンの缶詰である．製造工程を図 11.6 に示す．

ウンシュウミカンは，90℃の水蒸気あるいは湯通しで，皮をむきやすくした後，外果皮に切り込みを入れ，ローラー巻き込みにより剥皮される．外果皮を除かれたミカンは，水中でゴムやボールチェーンで作られた柵の間に水圧でミカンを押しつけることにより一房ごとにばらばらに分割される（身割）．内果皮（じょうのう膜）は，酸，およびアルカリで処理することで除去される．内果皮はペクチン，ヘミセルロース，セルロースから構成されているが，酸処理により，プロトペクチンが可溶性のペクチン酸に加水分解され，アルカリ性にすることにより，ペクチン酸およびヘミセルロースが水に溶出し，内果皮が除去される．

はじめに 0.5 〜 0.7%の食用塩酸中に 30 分ほど浸漬した後に 0.3%の水酸化ナトリウム溶液に 30 分浸漬する．その後，30 分水さらしを行い，流水で洗浄する．シロップ液の白濁を防ぐため，果肉に含まれる**ヘスペリジン**を，ヘスペリジン分解酵素（**ヘスペリジナーゼ**）で処理した後，水洗いされることもある．洗浄された果肉はサイズごとに分類され，缶や瓶に詰められる（肉詰め）．次に 40%濃度の糖液を注入した後，脱気，巻締，殺菌，冷却を行い製品となる．

d. ドライフルーツ

ドライフルーツは保蔵を目的に加工されるが，乾燥に伴い成分および，テクスチャーの変化が起こり，生の果実にはない付加価値が生じる．そのまま食されるほかパンや菓子などの製造の際に使用される．カキ，ブドウ，リンゴ，マンゴー

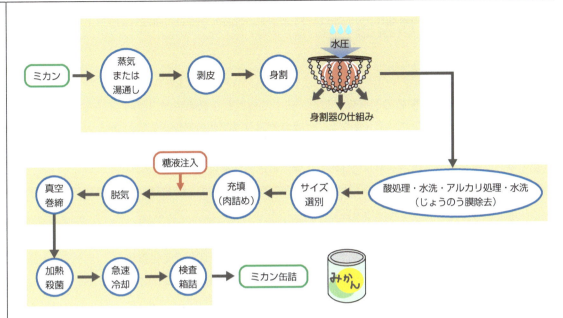

図 11.6 ミカン缶詰の製造工程

などがドライフルーツに加工されるが,ほとんどの果実で乾燥品が作られている.乾燥方法は,天日乾燥,熱風乾燥,冷風乾燥,凍結乾燥,減圧フライ乾燥などが用いられる.また果実を砂糖漬にした後に乾燥する場合もある.腐敗や果実の変色を防ぐためブランチングや硫黄燻蒸が行われる.

(1) **干ガキ** 渋ガキの皮をむいた後,天日あるいは機械で乾燥させる.乾燥時に,水溶性タンニンが重合し不溶化することで渋が除去される.乾燥中,皮膜が形成されたら,肉質の改善とタンニンの重合を促進するために,果肉を崩れないように手でもむ.表面に析出する白い粉はグルコースやフルクトースである.これはカキ中のスクロースが果実中の酵素(インベルターゼ)により分解されたものであり,機械乾燥時はこの酵素が働きやすい45℃前後で乾燥する.

(2) **レーズン** 完熟したブドウを乾燥させたもので,水分含量は15%程度である.米国カリフォルニア州が主生産地で,日本ではほとんど生産されておらず大部分が輸入品である.光沢をよくし,乾燥を促進させるためオリーブ油を入れた3%炭酸水素ナトリウム溶液に数分浸した後に,約10日間天日乾燥する.小粒で種のないトンプソン・シードレス種のブドウが適している.

(3) **減圧フライ乾燥** 果実の油揚げチップスはリンゴ,バナナ,キウイ,イチゴなどから作られる.果物を薄くスライスした後,グルコースでコーティングし,真空フライヤーで80〜120℃の低温で5分ほど揚げる.油は融点の高いパーム油を用い,製品のべたつきを抑える.

11.5 キノコ類製品

　キノコ類の多くは担子菌類の子実体である．日本で食用とされるキノコは約180種あるとされ，シイタケ，エノキダケ，ヒラタケ，マイタケ，マツタケなどがよく利用される．加工品としては干しシイタケ，ナメタケの瓶詰，マッシュルームの缶詰，佃煮が挙げられる．キノコは炭水化物，特に食物繊維(キチンを含む)が豊富で，そのほかトレハロースやマンニトールなどの糖類を含む．また，5'-グアニル酸をはじめとするうま味成分を含む．

　シイタケは，天日で干すと紫外線によって，エルゴステロールがエルゴカルシフェロール(ビタミンD_2)へ変換される．そのため，干しシイタケの製造では機械乾燥を行った後に天日乾燥を行うことがある．干しシイタケの香りはレンチオニンなどの含硫化合物が，マツタケの香りは桂皮酸メチルおよび1-オクテン-3-オール(マツタケオール)が主成分とされる．

演習 11-1　パンの製造方法について述べよ．
演習 11-2　大豆の加工食品について述べよ．
演習 11-3　こんにゃくの製造方法について述べよ．
演習 11-4　野菜の加工食品について述べよ．
演習 11-5　缶詰の製造方法について，ミカンを例に挙げ説明せよ．

12. 畜産加工食品

　畜産加工とは，肉，乳，卵などの畜産物を加工することをいう．畜産加工食品は食品表示基準(表7.2参照)では，食肉製品，酪農製品，加工卵製品，その他の畜産加工食品に分類される．ここでは，肉製品，乳製品，卵製品について述べる．

12.1 肉製品

A. 食肉となる動物

　家畜は狩猟で捕獲した野生動物を長い年月をかけて，食料として利用する目的で飼養，その管理下で繁殖可能となった動物のことを意味する．私たちが日常，よく食べる家畜の牛，豚，鶏は，朝鮮半島や中国大陸から渡来したものである．そのほか，日本では，羊，馬，猪，山羊，鹿，鴨，鶉(ウズラ)，雉(キジ)，七面鳥，雀などが食されている．畜産業の発展，食料需給率向上のため，牛，豚，鶏とも，産地や生産者，品種をブランド化した「銘柄」の創出がさかんに行われるようになってきている．

　動物の筋肉が食肉として，利用，消費されている．筋肉はそれぞれ，体を動かす骨格筋と消化管，気管，子宮，血管などに含まれる平滑筋，心臓を動かす心筋に分けられ，また，構造の違いから横紋筋，平滑筋に分けられる．食用として利用できるすべての筋肉を食肉と呼ぶことができる．また，消化器系，循環器系の臓器も畜産副生成物の内臓肉としてホルモンもしくはモツと呼ばれ，利用されている．特定の栄養素を多く含む臓器もあり，過剰摂取への注意も必要である．

a. 牛肉

　国内で食べられている牛の6割以上は米国，オーストラリア，ニュージーランドからの輸入である．残り4割が和牛(黒毛和種，褐色和種，日本短角種，無角和種)と乳用種と和牛の交雑種である．肉用種の和牛の場合，約30か月間肥育を行い，

部位表示	部分肉名	特徴と料理
ネック	ネック	きめは粗く筋っぽく，かたい．赤身が多く，うま味は強い．こま切れやひき肉にする
かた	かた	脂身が少なく，ややかたい．スープをとったりカレーやシチューなどの煮込みに向く
かたロース	かたロース	きめは細かく，やわらかい．適度な脂身で霜降りになりやすく，すき焼き，しゃぶしゃぶ，焼き肉に向く
リブロース	リブロース	きめは細かく，やわらかい．霜降りになりやすい．ステーキに向く
サーロイン	サーロイン	きめは細かく，やわらかい．霜降りになりやすい．ステーキに向く
ヒレ	ヒレ	きめは細かく，もっともやわらかい．赤身でステーキの利用が一般的．1頭から3％しか取れない．
ばら	ともばら	きめは粗く，かたい．赤身と脂身が層をなし，味は濃厚．カルビとも呼ばれ，焼き肉に向く
	かたばら	きめは粗く，かため．脂身をいかす角切りの煮込み，薄切りの焼き肉に向く
もも	うちもも	きめは細かく，やわらかい．赤身で最も脂身が少ない．煮込みやステーキに利用
	しんたま	きめは細かく，やわらかい．赤身で球状の肉．シチューや焼き肉など幅広く利用
らんぷ	らんいち	やわらかい赤身でステーキに向くランプと，さしが入り焼肉に向くイチボに分けられる
そともも	そともも	きめは粗く，ややかたい．脂身の少ない赤身．ブロックで煮込んだり，コンビーフなどに利用
すね	まえずね,ともずね	筋が多く，ややかたい．シチューなどの煮込みやひき肉として利用

表12.1 牛肉の部位と特徴
食肉小売品質基準による部位表示と日本食肉格付協会の牛部分肉取引規格による部分肉名．このほかに副産物として，タン，ハツ，ハラミ，レバー，テールなど12部位がある．

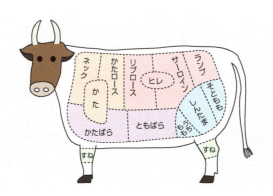

図12.1 牛肉の部位

体重600〜650kgで出荷される．日本食肉格付協会による「牛部分肉取引規格」では13の部位からなり，JAS法ではこの一部をまとめて11の部位表示としている（表12.1，図12.1）．部位の特性を活かした調理，加工がなされている．和牛は給与するビタミンAをコントロールすると，筋肉の中に細かい脂肪層が入り，一般的にさしと呼ばれ，柔らかい食感となる．一方，動物脂摂取による健康への配慮より，脂肪の少ない赤肉の人気が高まっている．

表 12.2 豚肉の部位と特徴
食肉小売品質基準による部位表示と日本食肉格付協会の豚部分肉取引規格による部分肉名．この他に副産物として，タン，ハツ，ハラミ，レバー，トンソクなど9部位がある．

部位表示	部分肉名		特徴
ネック	うで		うでのうち頬部をいう．脂身が多い
かた		かた	うでのうち頬部以外をいう．きめはやや粗く，かため．適度な脂身を含みうま味とコクがある．焼き豚に向く
かたロース	かたロース		きめはやや粗く，かため．赤身が多いが脂身も含む．シチューやカレーに向く
ロース	ロース		きめは細かく，やわらかい．外縁の脂身にうま味を含む．ロースかつや焼き豚，酢豚に利用
ヒレ	ヒレ		もっともきめが細かく，やわらかい．脂身はほとんどなく，ひれかつなどに利用．1頭から2％しか取れない
ばら	ばら		きめはやや粗いが，やわらかい．赤身と脂身が層になっている．骨付きをスペアリブにする
もも	もも		内側はきめは細かく脂肪が少ない．ボンレスハムに利用．外側はきめは粗くかたい．ひき肉や炒め物に利用
すね			きめは粗く，かたい

図 12.2 豚肉の部位

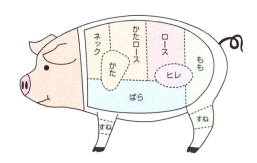

b. 豚肉

豚は生後200日程度肥育，約110 kgで出荷される．病気への抵抗性や生産性を重視し，三元交雑種（ランドレース種，大ヨークシャー種，デュロック種を掛け合わせた三元豚）が多く，生産，市販されている．豚も消費の半数を輸入肉が占めている．「豚部分肉取引規格」では5つ，JAS法の部位表示では8つの部位（表12.2，図12.2）からなるが，部位による肉質の差はあまり顕著でなく，料理，調理の幅も広い．

c. 鶏肉

流通される鶏肉の4分の1を輸入に頼っているが，国内で飼育されているのはブロイラーと銘柄鶏の2種に大別できる．また，生後3か月未満を若鶏，3～5か月を肥育鶏，5か月以上を親鶏という．鶏肉は脂肪分が皮に多い特徴があり，皮を除くことにより，牛肉や豚肉に比べ，低エネルギーである．農林水産省の「食鶏小売規格」によって鶏は丸どり，骨つき肉，正肉類の主品目とささみ，かわ，なんこつなどの副品目に分けられる（表12.3，図12.3）．

d. 羊肉

羊は1歳未満をラム，それ以上をマトンという．ラム肉は肉質も柔らかく，臭

表 12.3 鶏肉の部位

主品目	丸どり		
	骨つき肉	手羽類	手羽もと，手羽さき，手羽なか，手羽はし
		むね類	骨つきむね，手羽もとつきむね肉
		もも類	骨つきもも，骨つきうわもも，骨つきしたもも
	正肉類		むね肉，特製むね肉，もも肉，特製もも肉，正肉，特製正肉
副品目	ささみ，こにく，かわ，あぶら，もつ，きも，すなぎも，がら，なんこつ		

図 12.3 鶏肉のおもな部位

みも少ない．消費はおもに北海道である．

B. 食肉の生産と加工食品

牛，豚，鶏などの家畜は，と畜，解体，加工を経て，枝肉となり，流通する．牛の解体の工程を図12.4に示した．

a. ハム

ハムは本来，豚のもも肉を原料とした製品であるが，日本ではロース肉を使用したロースハムがハムの約70％を占めている（図12.5）．

ケーシングなどを用いて充填（骨付きハムは除く）した肉塊を塩漬けした後に，乾燥，燻煙，加熱（湯煮・蒸煮）などの工程を経て作られる．骨付もも肉やラックスハム（生ハム）は，燻煙後の加熱を行わない．

b. ベーコン

ベーコンは豚のばら肉を成型，燻煙したものであるが，ロース肉や，かた肉を原料としたものもある（図12.6）．

製造方法はハムと似ているが，充填，加熱（湯煮や蒸煮）を行わないなどの違いがある．

c. ソーセージ

ソーセージはひき肉や細切り肉を脂肪，香辛料，調味料などをケーシングに詰めたものである（図12.7）．

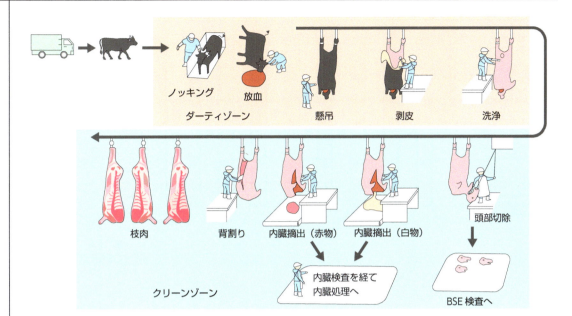

図 12.4　牛の解体の工程

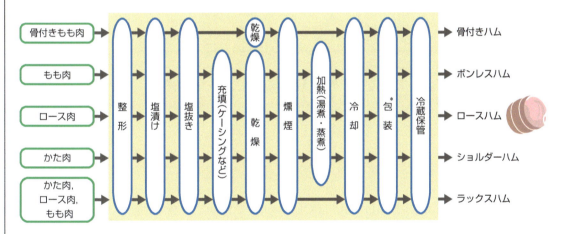

図 12.5　ハム類の製造工程
＊ブロックまたはスライス

用いられるケーシングの太さまたは種類によって，ウインナーソーセージ（20 mm未満，または羊腸），フランクフルトソーセージ（20〜36 mm未満，または豚腸），ボロニアソーセージ（36 mm以上，または牛腸）に分類される．リオナソーセージは，チーズやニンジンなどの野菜を加えて作られたものである．ドライソーセージは，水分含量が35％以下にまで乾燥させたもので，長期間の保蔵が可能である．

d．プレスハム

豚肉に，羊，馬，牛などの細かい肉を混ぜて，つなぎ（デンプン，小麦粉，卵タンパク質など）を加え，圧力をかけることにより塊にしたハムである．

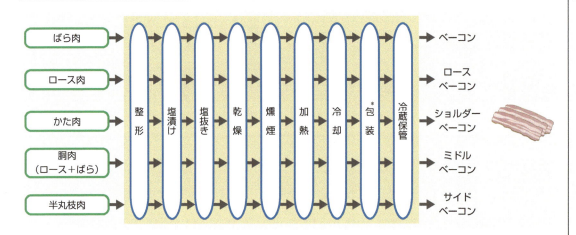

図 12.6 ベーコン類の製造工程
＊ブロックまたはスライス

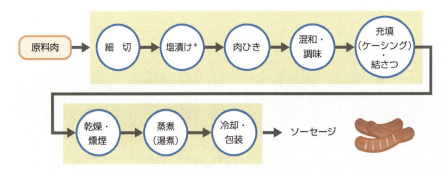

図 12.7 スモークソーセージ
＊塩，発色剤を加えて冷蔵庫で熟成

e. コンビーフ

日本では，牛肉を塩漬し，煮熟した後，ほぐし（またはほぐさないで），食用油脂，調味料，香辛料を加え（または加えないで）缶や瓶に詰めたものをいう．牛肉ではなく安価な馬肉を主原料としたものは，ニューコンミートという．

f. インジェクション加工肉

インジェクターといわれる機械で，牛脂などに添加物を混合したものを牛肉などに注入し，人工的に霜降り状にしたものである（コラム参照）．安価であるという利点もあるが，加工により細菌が内部まで入り込む可能性があり，十分に加熱する必要性がある．

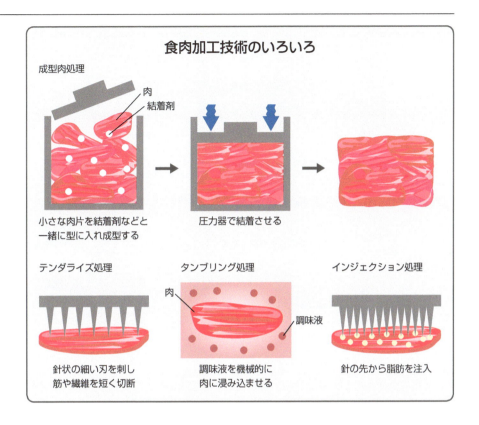

12.2 乳製品

　牛，ヤギ，羊，馬などの哺乳動物の乳を人間の食用として加工したものを乳製品という．わが国で消費される乳製品は乳用牛（ホルスタイン種，ジャージー種など）から搾乳された乳を原料とするものがほとんどであり，その種類は，バターやクリームなどのように脂肪分を分離収集したもの，チーズなどのように発酵を行ったもの，練乳などのように濃縮したもの，粉乳などのように乾燥したものなど多岐にわたる．図12.8に乳製品の一覧を示した．

　乳製品の成分規格や製造基準などは，食品衛生法に基づく厚生省令である乳及び乳製品の成分規格等に関する省令（乳等省令）によって定められている．

　表12.4に牛乳の成分規格を示した．

A. 牛乳（市乳），加工乳，乳飲料

　乳牛から搾乳したままの状態を生乳といい，それを検査後，均質化，殺菌，充填したものを牛乳という．

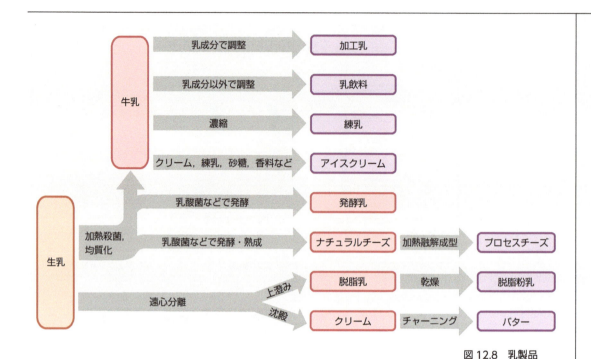

図 12.8 乳製品

	無脂固形分(%)	乳脂肪分(%)	比重(15℃)	酸度(乳酸として)	細菌数(mL)	大腸菌群
牛乳	8.0 以上	3.0 以上	1.028〜1.034	0.18 以下, 0.20 以下*	5万以下	陰性
特別牛乳	8.5 以上	3.3 以上	1.028〜1.034	0.17 以下, 0.19 以下*	3万以下	陰性
低脂肪牛乳	8.0 以上	0.5 以上 1.5 以下	1.030〜1.036	0.18 以下	5万以下	陰性
無脂肪牛乳	8.0 以上	0.5 未満	1.032〜1.038	0.18 以下	5万以下	陰性
成分調整牛乳	8.0 以上	—	—	0.18 以下	5万以下	陰性
加工乳	8.0 以上	—	—	0.18 以下	5万以下	陰性

表 12.4 牛乳の成分規格(乳等省令)
*ジャージ種の牛乳のみ.
日本食品標準成分表2015年版(七訂)では普通牛乳の名称があるが,旧乳等省令の名残りである.

　生乳中の脂肪球は直径0.1〜10μmと不揃いである.このうち直径の大きいものは互いに結びついてクリーム層を形成し分離しやすいため,**均質化処理(ホモジナイズ)**を行い,平均1μm以下にする.

　また,生乳は微生物が繁殖しやすいため加熱殺菌を行わなければならない.乳等省令では63℃で30分間加熱殺菌するか,またはこれと同等以上の殺菌効果を有する方法で加熱殺菌することと定められている.現在一般的に行われている殺菌方法を表12.5に示す.わが国で市販されている牛乳は**超高温(UHT)法**で殺菌されたものが多い.

UHT : ultra high temperature

　牛乳は,殺菌後は直ちに10℃以下に冷却して保蔵することと定められているが,超高温法で殺菌して無菌的に充填した**LL牛乳**のように常温で保蔵が可能な製品も流通している.

LL : long life

表 12.5 牛乳・乳製品の殺菌方法
LTLT : low temperature long time, HTST : high temperature short time

殺菌法	処理温度および時間	適応製品
低温長時間法（LTLT）	62〜65℃・30分	牛乳
高温短時間法（HTST）	72〜85℃・2〜15秒	乳・乳製品
超高温法（UHT）	120〜135℃・2秒	乳・乳製品
	140℃・2秒	常温保存可能製品

　生乳から乳脂肪の一部を減らし，0.5〜1.5%にしたものが低脂肪牛乳であり，乳脂肪分を0.5%未満にしたものが無脂肪牛乳である．成分調整牛乳は，生乳から乳脂肪分，無脂乳固形分，水分などの成分の一部を除去し，成分を調整したものである．

　加工乳とは，生乳に脱脂乳，脱脂粉乳，濃縮乳，クリーム，バターなどの乳製品を加えたものであり，乳成分を濃くしたものや低脂肪のものなどがある．

　乳飲料とは原料乳に乳製品以外のものを加えたものである．カルシウムや鉄などを加えた栄養強化タイプや，コーヒーや果汁を加えた嗜好タイプなどがある．

B. クリーム

　乳等省令では，生乳，牛乳または特別牛乳から乳脂肪分以外の成分を除去したものがクリームとされている．原料乳の脂肪球を遠心分離機（セパレーター）を用いて集めて作られ，水中油滴型（O/W型）のエマルションである．脂肪含量によってライトクリーム（18〜25%），ヘビークリーム（25%以上）と呼んでいる．

C. バター

　水中油滴型のクリームを，油中水滴型（W/O型）に変換したものをバターといい，加塩（食塩1〜2%）あるいは無塩のものがある．

　一般のバターの製造方法を図12.9に示した．分離濃縮したクリームを酸度が0.25%になるように中和し，微生物の殺菌や酵素の不活性化のために加熱殺菌をする．その後，低温で8時間程度放置して脂肪を固化する（エイジング）．エイジングの終わったクリームはチャーン（撹拌器）といわれる装置でチャーニング（機械的に撹拌し，バター粒を取り出す工程）する．この操作によってクリーム中の脂肪球は凝集し，粒状のバター粒になる．

　チャーニングによりバターミルクが排出され，冷水でバターミルクを洗い流し，加塩したのちワーキング（練圧）操作にうつる．この操作によってバター粒子は塊になり，食塩や水分はバター組織中に均一に分散し，バター特有の組織を形成するようになる．

　発酵バターは殺菌したクリームを乳酸菌（*Streptococcus lactis, S. cremoris, S. diacetilactis, Leuconostoc citrovorum*など）により発酵させて図12.9の製造工程に準じてバターを製

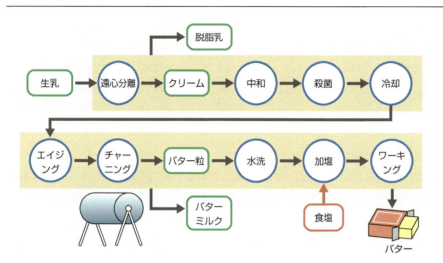

図12.9 バターの製造工程(伝統的)

造する.

バターオイルは,クリームあるいはバターから製造される.いずれも加熱後に遠心分離することによって脂肪率を約100%に高めたものである.保蔵性もよく,使用方法が簡単なため加工乳やアイスクリーム,チョコレート,マーガリンなどの原料としても用いられている.

D. チーズ

チーズは**ナチュラルチーズ**と**プロセスチーズ**に大別することができる.

ナチュラルチーズの製法はさまざまであるが,基本的には図12.10に示した方法による.まず低温殺菌した乳に乳酸菌スターターを添加し,乳酸菌の働きによってpHを弱酸性とする.それにキモシンを主成分とする**レンネット**(凝乳酵素剤)を

図12.10 チーズの製造工程

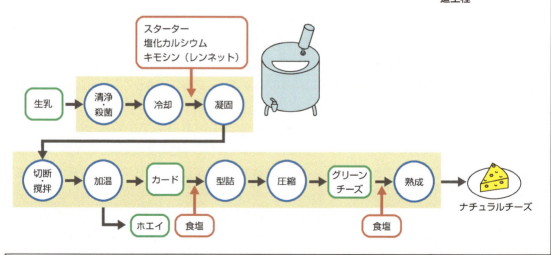

加えて，乳タンパク質を凝固させる．

乳中の**カゼイン**にはαs1-，αs2-，β-，κ-カゼインがある．κ-カゼインは親水性であり，他のカゼインはκ-カゼインとミセルを形成することによって沈殿せずに乳中に分散している．レンネットはκ-カゼインに作用し，κ-カゼインの親水部（グリコマクロペプチド）を切断し，疎水性のパラκ-カゼインとする．親水部を失ったカゼインミセルは，カルシウム存在下で沈殿し固形状の**カード**となる（図12.11）．

このカードを取り出したもの，またはそれを熟成させたものがナチュラルチーズである．原料や産地，熟成期間や熟成に用いた微生物の違いなどによって，多くの種類がある（図12.12）．

プロセスチーズは1種類，または数種類のナチュラルチーズを原料として，これを粉砕し加熱融解した後に，リン酸塩やクエン酸塩を加えて乳化し，成型したものである．

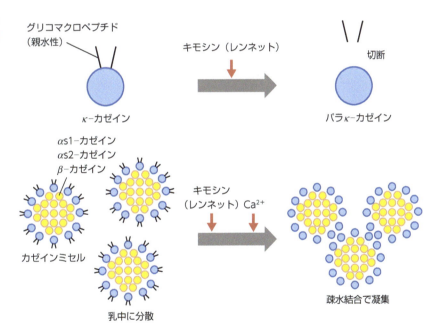

図12.11 ナチュラルチーズ製造における凝固作用

E. 発酵乳，乳酸菌飲料

原料乳を微生物の生産する酸で凝固させたものを**発酵乳**といい，代表的なものに**ヨーグルト**がある．ヨーグルトは殺菌後の原料乳を乳酸菌（*Lactbacilus bulgaricus*, *Streptococcus thermophiles*など）を用いて発酵させたもので，原料乳に甘味料や果汁，寒天，ゼラチンなどを加えてプリン状に固めたハードヨーグルトや，固まったヨー

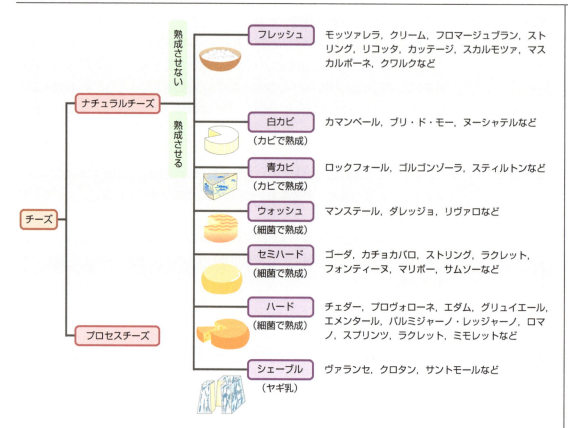

図 12.12 製法や原料によるチーズの分類

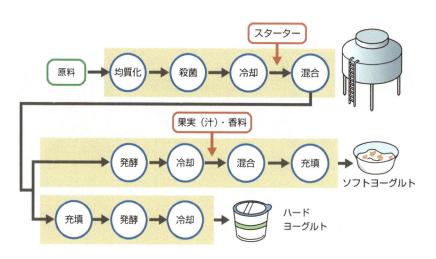

図 12.13 発酵乳の製造工程

グルトを撹拌して滑らかにし，甘味料や果汁を加えたソフトヨーグルトなどがある．発酵乳の代表的な製造法を図 12.13 に示す．

　乳酸菌飲料とは，原料乳を乳酸菌または酵母で発酵させたものを加工したり主

原料とした飲料をいう．

F. 濃縮乳，練乳

　濃縮乳とは，生乳，牛乳または特別牛乳から水分を除去し濃縮したものである．そのうち原料乳を単に濃縮したものを無糖練乳（エバミルク），砂糖を添加して濃縮したものを加糖練乳（コンデンスミルク）という．製造工程を図12.14に示した．

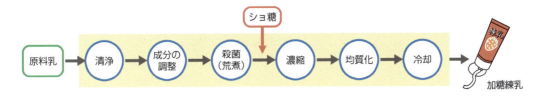

図 12.14　加糖練乳の製造工程

G. 粉乳

　原料乳から水分を除去して粉末状にしたものを粉乳という．水分のみを除いて粉末状とした全粉乳，原料乳にショ糖を加えて粉末状にする，もしくは全粉乳にショ糖を加えて作成した加糖粉乳，原料乳から脂肪を除いた脱脂乳を粉末状とした脱脂粉乳，ビタミンA，D，B_1，Cや鉄，カルシウムなどを補い，母乳に近い組成とした調製粉乳などがある．粉乳はそのままでは水などに溶解しにくいため，団粒化して溶解性をよくするインスタント化処理を行う．

H. アイスクリーム

　牛乳や乳製品に卵黄，糖類，香料，乳化剤，安定剤などを加えて作成したアイスクリームミックスを，68℃以上の温度で殺菌し，0〜5℃でしばらく冷蔵（エージング）した後，撹拌しながら凍結（フリージング）させたものである．乳等省令では乳固形分，乳脂肪分の含有量によって，アイスクリーム，アイスミルク，ラクトアイスに分けられる．アイスクリーム類の成分規格の概略を表12.6に，製造工程を図12.15に示した．

　またアイスクリームは撹拌しながら凍結を行うことによって，内部に空気が混

表 12.6　アイスクリーム類の成分規格（乳等省令）

	アイスクリーム	アイスミルク	ラクトアイス
乳固形分 (%)	15.0 以上	10.0 以上	3.0 以上
乳脂肪分 (%)	8.0 以上	3.0 以上	―
細菌数 (1 g 中)	10 万以下	5 万以下	5 万以下
大腸菌群	陰性	陰性	陰性

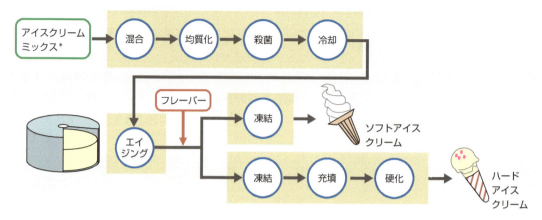

図12.15 アイスクリームの製造工程
＊牛乳，クリーム，練乳，液状シュガー，水，乾燥卵黄，安定剤，乳化剤などの液状混合物．

入し，体積が増大する．このときの**空気混入率**を**オーバーラン**という．オーバーランの値が高いと，口どけのよい溶けやすいアイスとなり，低いとねっとりとした重みのあるアイスとなる．

I. 牛乳の副産物

バター，チーズ，クリームなど乳製品を製造するときに，副産物としてバターミルク，ホエイ，スキムミルク（脱脂乳）が大量に産出される．これらは，さらに食品材料として利用されているが，医薬品，化学試薬，接着剤，合成繊維，プラスチック製品（ボタンなど）などと用途は広い．

12.3 卵製品

日本食品標準成分表の卵類の項目にはニワトリ，ウズラ，アヒルの卵がそれぞれ記載されているが，わが国では**鶏卵**の生産・消費量が圧倒的に多い．鶏卵出荷量に占める加工卵の割合は約2割である．

鶏卵は**卵殻**，**卵白**，**卵黄**からなり（図12.16），その重量比は概ね1：6：3である．

卵殻は卵内部を保護する役割を果たし，その主成分は炭酸カルシウムである．表面は**クチクラ**といわれる薄い膜で覆われており，微生物の侵入を防ぐ役割を担っている．また卵殻は多孔質であり，7,000〜17,000個の気孔が存在している．これは卵内部で発生した二酸化炭素を排出し，ガス交換を行ったり，水を出入りさせるためである．

卵白部は約89％が水分であり，残りは**タンパク質**からできている．その構造は外水様卵白，濃厚卵白，内水様卵白，**カラザ**からなる．卵黄とのつなぎ目にあ

図12.16 鶏卵の構造

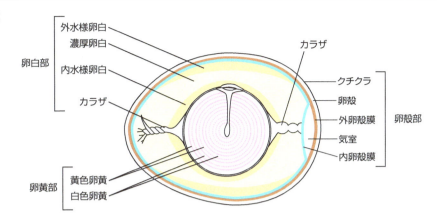

る白いヒモ状のものがカラザであり，卵黄を常に卵の中央に固定する役割をもつ．卵白タンパク質はオボアルブミンが54％を占め，そのほかには，鉄結合性をもつオボトランスフェリン，トリプシン阻害作用をもつオボムコイド，溶菌作用などをもつリゾチーム，ビオチンと結合するアビジンなどが存在する．

卵黄部は水分を約50％，脂質が33.5％，タンパク質を16.5％含む．脂質はその大半がトリアシルグリセロールであり，その他にリン脂質を約33％，コレステロールを約4％含む．

A. 卵の品質と規格，保蔵

鶏卵は産卵直後から品質低下が始まる．卵殻表面のクチクラは摩擦や水などによって容易に剥がれるため，洗卵や運搬時の摩擦などにより卵表面のザラザラ感は失われる．クチクラが失われた卵は気孔からの二酸化炭素や水分の放出や，微生物の侵入などが起こりやすくなる．洗卵の場合は食品衛生法では次亜塩素酸ナトリウム溶液などの殺菌剤を用いることとされている．

鶏卵は農林水産省「鶏卵の取引規格」により，重量で区分されており，表示の補足のために色分けもされている(表12.7)．

鶏卵の賞味期限は生食できる期限を表示している．夏期(7～9月)が産卵後16日以内，春秋期(4～6月，10～11月)は産卵後25日以内，冬季(12～3月)が産卵後57日以内とされている．賞味期限を過ぎた卵は加熱調理(70℃1分以上，他の食材と混じる場合は75℃1分以上)して摂取する．生食用殻付卵は食品衛生法では10℃以下で保存することが望ましいとされている．鶏卵は殻つきのまま冷凍すると，

表12.7 鶏卵の規格（農林水産省）

LL	赤色	70 g以上76 g未満	MS	青色	52 g以上58 g未満
L	橙色	64 g以上70 g未満	S	紫色	46 g以上52 g未満
M	緑色	58 g以上64 g未満	SS	茶色	40 g以上46 g未満

中身が膨張して卵殻が割れる．鈍部よりも鋭部の方が卵殻に強度があるため，鋭部（卵の尖ったほう）を下にして保蔵するが，鈍部を下にすると卵黄と気室内の空気が触れやすくなり，細菌が入り込む可能性が高くなるとされている．

B. 加工卵

卵殻を除いた液卵，凍結卵，乾燥卵などの一次加工品を加工卵という．

a. 液卵

液卵は，卵殻を取り除き中身だけを集めたもので，目的に応じて液状全卵，液状卵白，液状卵黄として処理される．用途としては製菓や製パン，卵惣菜，麺類などに利用されている．加工の際には，卵殻を次亜塩素酸ナトリウムなどで殺菌したのち，卵割が行われている．

厚生労働省の「食品，添加物等の規格基準」の「食鳥卵」の項目では，鶏卵の液卵として成分規格，製造基準，保存基準，使用基準が示されている．成分規格として，殺菌液卵（鶏の液卵を殺菌したもの）は，サルモネラ属菌が検体25gにつき陰性でなければならないとされている．

b. 凍結卵

凍結卵は，液卵を包装容器内で凍結したものである．卵黄や卵白に含まれるタンパク質などが凍結変性を起こすと，粘性や乳化性の低下が起こるため，その防止のためにショ糖や食塩などが添加される．用途としては，加糖卵黄はカスタードクリームやアイスクリーム，加塩卵黄はマヨネーズやドレッシングの原料として用いられる．

c. 乾燥卵

乾燥卵は，液卵を乾燥し粉末状やフレーク状にしたものである．乾燥法としては噴霧乾燥や凍結乾燥などが用いられる．卵白はグルコースを含むため，そのまま乾燥を行うとメイラード反応を起こし褐変してしまう．そのため乾燥前に脱糖処理など行うことでこれを防いでいる．

C. 卵を利用した製品

卵には熱凝固性，乳化性，気泡性といった特性があり，これらの性質が種々の食品の品質や栄養の保持・改善に利用されている．

卵白も卵黄も熱凝固性があり，ゲル化する．この特性は水を保持したり，他の成分を接着することができるため，食肉製品や水産練り製品の結着材，麺類のコシ増強剤などとして用いられている．特に，卵白タンパク質のオボアルブミンの熱による変性凝固現象がこの特性発現に関与している．

卵黄脂質のリン脂質は強い乳化性を示し，マヨネーズ，ドレッシング，アイスクリームの製造に用いられ，それらの食品の安定性に寄与している．卵黄脂質の

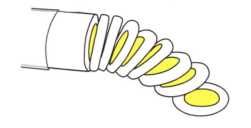

図 12.17　ロングエッグ
二重の金属管の外側に卵白を充填し加熱し，固まったら内側の管を抜き，卵黄を流し込み，再び加熱，凝固させる．

LDL（低密度リポタンパク質），HDL（高密度リポタンパク質），ホスビチンやリベチンはいずれも乳化能力を持っている．

　<u>起泡性</u>とは泡の立ちやすさと，できた泡の消えにくさの両方の特性を意味している．カステラ，スポンジケーキ，マシュマロ，ムース，メレンゲなど卵タンパク質の泡立ち性を利用した食品は多い．泡を立てるには，撹拌，振とう，送気などの方法が一般的である．泡立ちの評価は，形成した泡の高さや硬さを測定したり，長時間静置後の離水量などによって測定する．オアボアルブミン，オボグロブリンやオボトランスフェリンの起泡性の高いことと，オボムチンが泡の安定性に寄与することが知られている．

　そのほかピータンのように卵を殻付きのまま加工するものや，卵白中および液卵黄をゆで卵の割断面をもつような長い棒に充填し加熱したロングエッグのようなものがある（図12.17）．

D.　その他の利用方法

　<u>卵白</u>に含まれる<u>リゾチーム</u>は<u>溶菌作用</u>をもち，グラム陽性細菌の細胞壁を加水分解する．そのため卵白中から分離されたリゾチームは医薬品や食品添加物として利用されている．

　<u>卵黄</u>に含まれる<u>レシチン</u>は体内で神経伝達物質の<u>アセチルコリン</u>となるため，<u>認知症</u>やアルツハイマー病の予防や改善に効果が期待されている．

　卵黄に含まれる<u>卵黄IgY</u>は，機能的には哺乳類のIgGに匹敵する．病原菌の<u>感染防御</u>を意図した食品添加物や飼料添加物，診断薬や研究試薬としての幅広い用途が期待されている．

演習 12-1　ハムおよびベーコンの製造方法について述べよ．
演習 12-2　牛乳，加工乳，乳飲料の違いについて述べよ．
演習 12-3　バターの製造方法について述べよ．
演習 12-4　チーズの製造方法について述べよ．
演習 12-5　加工卵の種類と利用について述べよ．

13. 水産加工食品

　水産物の多くは天然資源のため，漁獲変動が大きく安定供給されず，季節変動などが大きいうえ，水分が多く取り扱いが難しい．同一のロット（魚群）でも個体差が大きい，鮮度低下が速いなど，利用にあたってさまざまな難点も持ち合わせている．

13.1 水産物の加工・利用原料

A. 魚類

　魚類は**海水魚**と**淡水魚**に大きく分類され，約75%が**水分**であり，微生物が繁殖しやすいので，乾燥品や塩蔵品・調味加工品など保蔵性を高める加工が必要とされる．**魚卵**も加工される．

B. 軟体動物

　軟体動物（貝類，頭足類）の多くは水分が80%以上である．**イカ***は，加工品として消費される比率が約50%と高い．輸入イカも加工用や総菜用，珍味などの調理加工品として消費されている．

*スルメイカ，ヤリイカ，ホタルイカのほか，ツツイカではアオリイカ，トビイカ，ソデイカ，ミミイカ，ドスイカなど，コウイカではコブシメ，モンゴウイカなど．輸入イカでは，アルゼンチンマツイカ，ニュージーランドスルメイカ，アメリカオオアカイカ，カナダイレックスなど．

C. 甲殻類（節足動物）

　エビ・カニの多くは冷凍で流通するが，冷凍や解凍中に**黒変**する．この原因は，チロシン酸化によるメラニン生成であるが，エアブラストによる急速凍結や亜硫酸水素ナトリウムやアスコルビン酸などの酸化防止剤で緩和される．

D. その他（棘皮動物，腔腸動物，脊索動物，植物）

　ウニ，**ナマコ**などの棘皮動物，**クラゲ**，**ホヤ**，海藻類が利用される．

ウニやホヤは塩蔵により塩ウニ，ホヤ塩辛とするが，最近は低塩化しアルコールを用いて保蔵性を高めている．また，板ウニはミョウバンを使用して，身くずれを防いでいる．ナマコや海藻の加工品の多くは乾製品として流通したり，二次加工されたりしている．

13.2　水産物の冷蔵，冷凍

A.　前処理

魚類は，魚体のまま，**ラウンド（まる）**として扱う場合がある（図13.1）．サンマやアジ，サバなどの中・小型魚の多くはラウンドで保蔵される．マグロやカツオなどの大型魚は，冷蔵，冷凍の前処理として，船内で**GG**（セミドレス）やドレス，**フィレ**（三枚おろし）にして保蔵される．

B.　冷蔵

鮮度低下の速い魚介類では死後速やかに冷蔵が行われる．マダイやヒラメでは，即殺後0℃程度の低温化で冷蔵すると**筋収縮**を起こす場合があり，**冷却収縮**（氷冷収縮）といわれる．この現象を積極的に調理に応用したものが"あらい"である．

C.　冷凍

水産物の凍結においても，氷結晶とそれに伴う**タンパク質変性**，組織の崩壊に

図 13.1　魚体の処理形態
おもにマグロなどの大型魚の場合

ラウンド（まる）

GG
(gilled and gutted，セミドレス)
えらと内臓を取り除く

ドレス
頭を除いた状態

フィレ（三枚おろし）

ロイン
フィレを2等分
四つ割にした状態

ブロック
ロインを一定のサイズに
カットした状態

サク
ブロックを四角く
カットした状態

よる**ドリップの生成**，スポンジ化と空気による**脂質酸化（冷凍焼け）**が問題となる．

凍結にあたっては，氷結晶の成長を防ぐために，最大氷結晶生成帯を速やかに通過する**セミエアブラスト**や**ブライン凍結**などの急速凍結法が用いられる．また，色素タンパク質のミオグロビンが褐色になるメト化は，−35℃以下の凍結で防止できる．赤い肉色が商品価値を決めるマグロ類では−70〜−40℃の超低温で保蔵される．水産物の冷凍品として他に重要なものに冷凍すり身がある．

13.3 水産物の乾燥品

水産物の乾燥品は，魚介類を乾燥して保蔵性の向上を図った加工品の総称であり，**素干し品**，**塩干し品**，**煮干し品**（煮熟後バイ乾を行ったものも含む），**焼干し品**，**節類**，**燻製品**，**凍干品**に分類される．古くは**天日乾燥法**のみであったが，現在は，熱風，冷風，焙乾，凍結法などさまざまな手法がある．煮干しやサクラエビなどは色調が重要であるため，脂質劣化に伴う褐変や退色防止のため，天日乾燥は避けられる傾向にある．魚介類は一般に**高度不飽和脂肪酸**（PUFA）を多く含むため，空気中では光や熱で酸化劣化が進行しやすい．

PUFA：polyunsaturated fatty acid

A. 素干し

一般的な素干し製品*は，するめ，イカ一夜干し（生干しイカ）などである．

イカ一夜干しは素干しのするめの応用であるが，現在ではほとんどの製品が薄い塩味を付けている．身欠きニシンは江戸時代から生産されている伝統食品である．田作り（ごまめ）はカタクチイワシを原料とする．くちこは，石川県能登特産でマナマコの生殖巣を薄く伸ばし，三味線のばち様にして乾燥したもの．たたみいわしはシラスを生のまま海苔状に干した加工品である．

*そのほかに，干しダコ，身欠きにしん，田作り，素干しさくらえび，くちこ，たたみいわし（シラス），棒鱈（マダラ，スケトウダラ），フカヒレ加工品など．

B. 塩干し

全国的によく知られた製品は，アジ開き干し，サンマ開き干し，丸干し（イワシ，アジ，サンマ）などである．

アジ開き干しは，腹開き（図13.2上段）の後，塩水に浸漬し干したもので，塩水漬けの塩水濃度も15〜24%あったものが，現在では10〜20%程度となっている．乾燥はほとんどが30℃程度の温風で30〜100分程度行い，製品は−30℃以下で凍結保蔵される．

サンマ開き干しは，アジ開き干し（背開き，図13.2下段）同様の手法で10〜20%程度の塩水に浸漬したのち，25℃で1〜2時間乾燥を行う．製品は冷凍保蔵する．

丸干し*は，内臓を除かず，まるのまま塩漬け後，乾燥し製造する．ハタハタ

*イワシの目刺し，アジ（九州に多い），サンマ（和歌山が多い），めひかり（福島など），塩あご（トビウオ），ニギス，シシャモなど．

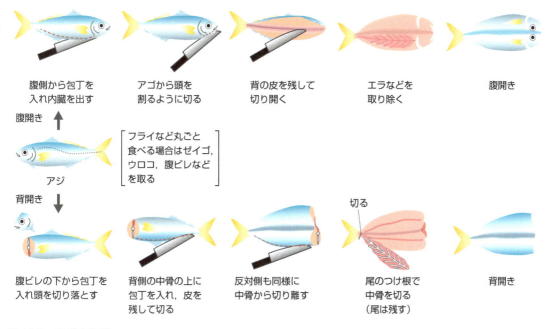

図 13.2　アジの腹開きと背開き

一夜干しなどは内臓除去後，同様の処理を行い製造する．

伊豆諸島特産の**くさや**は，クサヤモロ（あおむろ），ムロアジ，トビウオなどをくさや液に浸漬し，発酵後乾燥させた干物で，強いアンモニアや有機酸臭と独特の風味・うま味を持つ特異な乾製品である．くさや液は，くさや菌により菌叢が保たれ，腐敗菌を抑制している．

C.　煮干し

煮干しとは煮熟後乾燥したもので，原料は魚類，サクラエビ*などである．煮干しイワシは**うま味だし**として使用される．煮熟による殺菌，酵素失活などが保蔵性を高める．**しらす干し**は，カタクチイワシ，マイワシ，イカナゴの稚魚を塩水短時間煮熟後，乾燥した製品である．煮熟後，保冷のみまたは乾燥度の低いしらす干しは釜揚げといい，比較的水分量が多く半干し状態である．一方，ちりめんは水分40％程度まで乾燥させたもので保蔵性が高い．

＊そのほかに，ホタルイカ，ナマコ，ホタテ貝柱（煮熟後焙乾），アワビ（煮熟後焙乾）など．

D.　焼干し

製品としては，**うま味だし**用のカタクチ焼干し，焼あご（あご節，トビウオ）と，そのまま食す焼アナゴなどがある．焼干しは魚介類を焙焼後，乾燥したもので，焙焼により殺菌，消化酵素を失活し，香気を賦与して嗜好性を向上させている．

E. 節類

　魚類を煮熟後，焙乾したものの総称を節類という．節とは，魚の身を縦4分割した単位に由来する．

　かつお節原料には脂肪が1～3%の低脂肪のカツオが適している．

a. かつお節の製造工程（図13.3）

　頭部，腹肉の一部，内臓除去後，小型カツオが原料の場合は三枚おろし（亀節），大型カツオの場合は，さらに背肉（雄節）と腹肉（雌節）に分けて，4本の本節にする．節は煮熟後，骨抜きした節をせいろに並べ，薪を燃やし焙乾室で均一に焙乾する（一番火）．一番火の終わった節をなまり節という．損傷した部分を修繕し，さらに焙乾を繰り返す（二番火～十二番まで）．焙乾が終わった節を荒節（鬼節）という．荒節を1日程度天日乾燥（日乾）後，タールに覆われた表面を削り，裸節（赤むき）とする（削り）．これをそのまま利用する場合もあるが，2～3日日乾し，あん蒸後，カビ付け（一番カビ）を行う．*Aspergullus glaucus*などの青緑色のカビが付く．このカビ付けを普通4回繰り返す．4回カビ付けとカビ落としをした節を本枯節といい，水分は18%程度となる．カビ付けにより，水分や脂質が減少するとともに，燻煙由来のフェノール成分により香気の生成や酸化抑制がなされる．

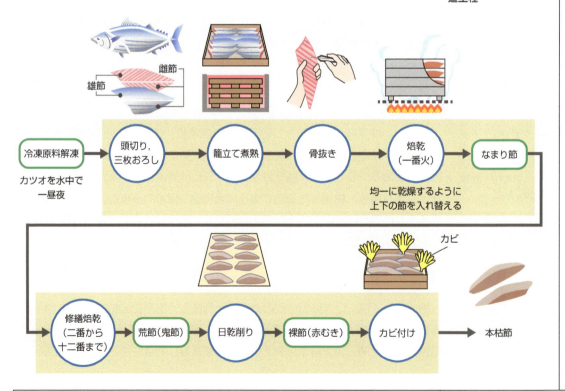

図13.3　かつお節製造工程

そうだ節（マルソウダ），さば節（ゴマサバ），いわし節などの雑節は類似の手法で作られ，ほとんどが業務用だし素材となる．削り節は，荒節を削った花かつおと枯れ節を削ったカツオ節削り節の2種ある．節をそのまま削ると粉末が多くなり歩留まりが悪いので，蒸煮して軟化させた後に削り，その後，水分を調整する．窒素ガスを充填したガス遮断性・防湿性積層フィルム包材の小袋パックに詰められる．

F. 燻製品

代表的な水産物の燻製は，サケ，マス，ニシン*などがある．脂肪が適度（10％前後）にのったものが良い製品となる．サケ・マス（ベニザケ主体）の燻製は，塩蔵品を塩抜きし，塩分濃度を2％前後に調整後，最初20℃でその後25℃前後まで上げ，約3週間冷燻し，歩留まり50％程度の棒燻を得る．最近は，食塩5％程度，砂糖・うま味調味料を加えた調味塩水にフィレを一晩浸漬し，20～30℃で全4日間，風乾・燻煙を繰り返し，歩留まり35％程度のベニザケフィレ燻製を真空包装で出荷する．いか調味温燻品（"いかくん"として流通している*）やホタテ貝柱，クジラベーコンは調味液に浸漬後燻乾している．

*そのほかに，タラの燻製品，およびイカ，タコの調味温燻品があり，ほかにサバ，サンマ，ウナギ，ニジマス，ギンザケ（養殖），ホタテガイ，カキ，イガイ，クジラなど．

*いかくんは，イカ胴肉（外套膜）を55～60℃の湯中で剥皮し，80℃で煮熟後，冷却し食塩，砂糖，グルタミン酸ナトリウムなどの調味液に浸漬し，燻乾し，2～3mmの胴切り後調味付けしたもので，低温で保蔵・流通する．

13.4 水産物の塩蔵品，発酵食品

魚介藻類または魚卵を塩蔵した製品の総称を魚介塩蔵品という．水産発酵食品（漬物）は，魚介類を塩漬け後，米飯・糠・酒粕などを添加して漬け込んだ水産食品である．なれずしや糠漬けのように，発酵により新たに風味付けされた製品と，味噌漬けや酢漬けのように，調味料で味付けした製品の概ね二種類に分かれる．最近では多くの製品が低塩となり，冷蔵や冷凍で流通している．

A. 塩蔵品

塩蔵の手法は，魚体に直接食塩をふりかける撒き塩漬け（振り塩漬け）と，魚体を食塩水に浸漬する立て塩漬け（塩水漬け）がある．撒き塩漬けは合塩を加え，積み重ねながら数日間保蔵する（座切り）．脱水効率が高く簡便だが，製品への食塩の浸透量が不均一で外観が劣る，酸化進行が速いなどの問題がある．立て塩漬けは，タンクや樽などに所定の濃度の食塩水を入れ，原魚を補塩しながら漬け込む．飽和に近い高塩分濃度であるため温暖な時期や長期保蔵に適し，浸透が均一で外観はよいが，大型の容器が必要なこと，容器や塩水の衛生管理，多量の食塩が必要などの欠点がある．

大別して，魚類塩蔵品と魚卵塩蔵品がある．魚類塩蔵品には，シロザケ，ベニ

ザケなどを原料魚とするサケ・マス塩蔵品，スケトウダラなどを原料魚とするタラ塩蔵品，サバ，カタクチイワシ塩蔵品*1などがある．魚卵塩蔵品には*2，筋子（サケ，マス），たらこ（スケトウダラ，マダラ）などがある．そのほかに，ワカメなどの各種海藻塩蔵品（塩蔵海藻），ビゼンクラゲ・エチゼンクラゲなどをミョウバン・食塩処理した塩クラゲなどがある．

B. 塩辛類，魚醤

塩辛や魚醤は，魚介類の筋肉や内臓に食塩を添加し，腐敗を防止しながら酵素や微生物の作用で熟成させたものである．塩辛の原料はイカ（いか塩辛，黒作り），ウニ（塩うに），カツオ内臓（酒盗），ナマコ内臓（このわた），サケマス腎臓（めふん），アユ内臓（うるか）などさまざまなものがある．

いか塩辛では，10～20％の食塩とスルメイカの肝臓のみで自己消化が起こり，10～14日間熟成する．現在では4～8％でアルコールや糖類を添加する場合もあり，冷凍や冷蔵で流通する．魚醤は，各地域で地先の海で漁獲される魚を利用している*3．いしるは，イカの肝臓を食塩で塩蔵し（20～22％），撹拌しながら塩をなじませる．1～2年発酵，熟成させて下層の液汁を採取し，煮熟（殺菌，タンパク質除去）して製品とする．調味料の多様化から製造量は増えている．

C. 水産発酵食品

a. なれずし，糠漬け

なれずし，糠漬けなどの発酵食品は，魚介類を塩蔵後，副原料の米飯や糠を添加して漬け込んで製造される（本漬け）．魚体は，塩漬け工程で塩により脱水し，収縮により肉質を固くし，腐敗菌を抑制する．本漬けで米飯や糠床の乳酸菌や酵母による発酵が進み，乳酸や酢酸，クエン酸などの有機酸が発生しpHが低下する．さらに重石を使うことから，魚体が水分に十分に浸かり，嫌気的発酵を行い，好気的な腐敗菌の生育を抑制し，熟成する．熟成中に自己消化や乳酸菌により魚肉の酵素分解が進み，アミノ酸や核酸などのうま味成分が発生する．また，pH低下に伴い，カルシウムやコラーゲンが可溶化し，骨や結合組織が軟化する．さらに，ピペリジンやアンモニアなどの塩基性成分，アルコールやエステル類，コハク酸やリンゴ酸などのさまざまな有機酸が生成し，独特の味や風味が醸成する．大量の米飯を使うなれずしは今のすし（江戸前寿司）の原型ともいわれる．

半年以上の長期間発酵させて，米飯が粥状になり形が崩れた「本なれずし」と，1～2週間程度と漬け期間が短く，米飯が原形を留めている「生なれずし」がある*．

b. 酢漬け，粕漬け，味噌漬け，醤油漬け

酢，味噌，醤油などの調味料で味付けし，漬け込みにより自己消化を促し，う

*1 そのほか，ブリ，ニシン，サンマ，ホッケ塩蔵品，すくがらす，クジラ須の子を原料とする塩クジラなど．

*2 そのほか，イクラ（サケ，マス），からし明太子，塩数の子（ニシン），からすみ（ボラ），キャビア（チョウザメ）など．

*3 秋田ハタハタ（しょっつる），石川イワシ・イカ内臓（いしる，いしり），香川イカナゴ（いかなご醤油），鹿児島カツオ煮汁（かつおせんじ）などがある．

*滋賀県のふなずしは「本なれずし」の代表で，本来琵琶湖のニゴロブナを用いたが，最近ではゲンゴロウブナやギンブナも原料とされている．

ま味成分であるアミノ酸や核酸を引き出す．

酢漬けには，富山のますずし（古くはサクラマス，シロザケ）や石川のいわしの卵の花漬け（ウルメイワシ），岡山のままかり（サッパ）酢漬けなどのように，なれずしを起源として速醸したものと，しめさばや福井の小鯛笹ずしのように刺身に近く，なますを起源として酢が味付けの主体となるものがある．

粕漬けは，カジキ類やギンダラなどを原料とし，酒粕にみりんや砂糖を調合して，適度な粘度に調整して漬け込んだものである．味噌漬けはカジキやサワラ，マグロ類，ブリ，クルマエビなどを原料として，種々の味噌を調合し，みりん・清酒で粘度を調整して漬け込んだものである．醤油漬けは，ホタルイカやスルメイカをそのまま（全魚体）醤油や砂糖などの調味料に漬け込んだもの（沖漬け）で，漬け込みと同時に冷凍することで酵素や発酵を抑え，生の食感を残している．

また，松前漬けは細切りしたコンブとするめを醤油主体の調味液に漬け込んだもので，コンブ由来の独特の粘りがある．

13.5 水産練り製品

水産練り製品は魚肉に2〜3%の食塩を加え，すり潰してゾル化し，成型後，加熱凝固させてゲル化し製造する水産食品の総称でかまぼこやすり身がある（図13.4）．

A. 加工原理

魚肉タンパク質には筋原線維タンパク質，筋漿タンパク質，筋基質タンパク質があるが，水産練り製品には水さらしにより筋漿タンパク質を除き，**筋原繊維タンパク質**を取り出し利用する．魚肉をそのまますりつぶして加熱しても水やドリップを放し保水性を失ったつみれ状の凝集物が生じるに過ぎないが，3%の食塩を添加してすりつぶすと（塩ずり），筋原繊維タンパク質のミオシンとアクチンが溶出・重合して**アクトミオシン**が形成される．そのゾルは線維状の巨大分子であり，肉糊（にくのり）を生じる．室温程度でもタンパク質分子同士が絡み合い，架橋を形成し網状構造のゲルとなる（坐り（すわり））．坐りには魚肉中のトランスグルタミナーゼによるミオシン架橋やジスルフィド架橋が重要である．70℃以上の加熱で絡み合った強固な網目構造が固定化され，その中に水分子が保持され弾力のあるゲルができる（ゲル化）．50〜70℃の温度帯を緩慢に通過するとタンパク質分解酵素の作用によりゲルが崩壊し軟化する（戻り）．加熱工程ではゲルの弾力（"足（あし）"）を出すため，この時間帯を速やかに通り過ぎるようにする．食塩は2%以下では筋原繊維タンパク質は溶出されず，よい塩ずり身ができない．

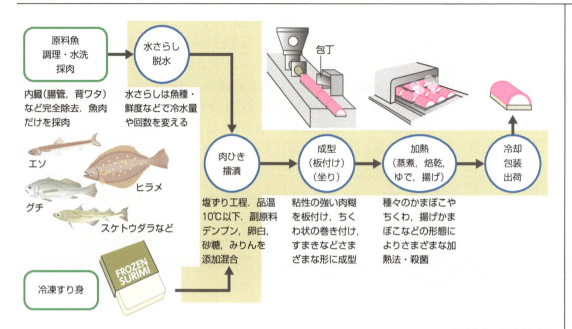

図 13.4 かまぼこの製造工程

B. 原料魚

　ゲル形成能が魚種により異なり,比較的強いものが一般的に利用される.**グチ,エソ**はゲル形成能が高く最も優良とされる.マイワシやアジ類,赤身魚類は一般にゲル形成能が弱い.現在,原料魚はほとんど冷凍すり身の形で使用されている.スケトウダラ,イトヨリダイ類,ミナミダラ,ホキ,グチがタイ,インドなどから輸入されている.そのほかに産業的に主原料となるものはグチ,エソをはじめ各地域でキチジ,マダイ,ヒラメ(笹かまぼこ)*などで,さまざまな地先の魚種が利用される.

C. 冷凍すり身

　冷凍すり身は,北海道水産試験場でスケトウダラ魚肉の冷凍変性防止技術として開発された.水さらし(水で洗浄)した魚肉に糖類(タンパク質の冷凍変性防止)を添加することから,魚肉タンパク質のゲル形成能を維持したまま長期保蔵を可能としたものである.原料魚は,**スケトウダラ**をはじめイトヨリダイ類,ミナミダラなどの深海性魚類である.冷凍すり身は,冷凍変性を防ぐことから,①ゲル形成能を長期にわたって維持できる,②採肉や水さらしなどの前処理が省ける,③輸送や移動が容易で解凍するだけで練り製品原料として使用可能である,④多量のストックが可能で練り製品の計画生産ができる,など革新的な進歩をもたらした.
　製造工程は,原料魚から採肉し,2～20倍の水で水さらしを数回行い,酵素

*そのほか,オキギス,イサキ,カマス(小田原かまぼこ),キンメダイ,ハマチ,カマス,ニギス(富山:細工かまぼこ),ハモ(豊橋ちくわ),トビウオ(あご野焼き),カナガシラ,コダイ,コチ(長崎黄金ちくわ),タチウオ,ホタルジャコ(じゃこ天),イワシ(黒はんぺん)など.

などの水溶性タンパク質，脂質，血液，無機塩類を除去する（すり身のゲル形成能を高め，色調や魚臭を改善できるが，うま味成分の消失や廃液処理が必要となる）．水さらし肉は裏ごしで夾雑物（小骨や皮，うろこなど）を除去し，加圧脱水後，糖類を添加し急速凍結して製品となる．

－20℃以下の保蔵で1〜2年程度の長期保蔵が可能である．タンパク質に対する糖の保護効果はショ糖やソルビトールなどヒドロキシ基（OH基）が多いほど強く，水和水の撹乱を抑えることで安定化（変性防止）している．

D. 主要な水産練り製品

かに風味かまぼこは，①かに風に着色した板状かまぼこをスライサーで細断しカニ肉繊維状にした刻みタイプ，②細切りした刻みタイプを肉糊でつなぎ，カニ脚肉状に成型，着色した刻みバータイプ（チャンクタイプ），③エキスや香料で調味したかまぼこものをシート状に成形，加熱後，製麺機で繊維状に細断，収束機で束ねて着色したスティックタイプがある．

魚肉ソーセージは，2002（平成14）年JAS規格がなくなり，副原料に鶏肉，マトン，チーズ，野菜類などさまざまな食材を使うことが可能となった．主原料もスケトウダラすり身だけでなく，サバ，イワシ，アジ，イトヨリなども利用される．多種類の主原料に豚脂肪，魚油，デンプン，香辛料，調味料などを添加し，充填機（スタッファー）で塩化ビニリデンケーシングチューブに充填し，レトルト殺菌して製品とする．

リテーナー成形かまぼこは，塩ずり身をプラスティックフィルムで包装後，かまぼこ型金属製型枠（リテーナー）に詰めて加熱殺菌するので，保蔵性・保形性が高い．

13.6 水産物の缶詰，瓶詰

1871（明治4）年にいわしの油漬け缶詰が作られたのが日本での缶詰の起源とされている．また，1877（明治10）年，北海道でさけ缶詰が製造され本格的な生産が始まり，その後，農産品・畜産品へと拡大していった．

水産物の缶詰の種類は，内容物の調理法で，水煮（塩分0.2〜0.7%），油漬け（燻製を含む），味付け（味噌煮を含む），かば焼き，焼き物，トマトソース煮，マヨネーズ煮，野菜煮などに分類される．また，原料は，サケ・マス類，マグロ・カツオ類，サバ類*など多種類におよぶ．最近では，サケ中骨など独特の素材もある．缶詰はマグロ・カツオ類が最も多く，サバ類，イワシ類がそれに続く．

瓶詰ではほとんどがのりである．

*そのほか，サンマ，イワシ類（アンチョビを含む）などの魚類，カニ類，イカ類，ホタテ，アサリ，赤貝（サルボウ），カキなどの貝類，鯨類など．

水産物の缶詰の食べごろは，味付けや油漬けは調味液などが十分浸み込む6か月から1年前後，水煮で3～6か月が良いとされている．

13.7 調味加工品など

保蔵を目的に，濃厚な調味液に浸漬・乾燥した**みりん干し**（調味乾燥品），煮熟・乾燥・焙焼・圧搾などの加工操作を利用した**佃煮**，角煮，魚味噌（調味煮熟品），調味・焙焼によるうなぎ蒲焼きや魚せんべい（調味焙焼品）などが製造されてきた．

本来，佃煮は醤油，砂糖，みりんなどの調味料を添加後，焦げ付かない程度まで煮詰めるもので，100～120℃の高温で煮熟し，耐熱性芽胞形成菌以外を死滅させ，高濃度の塩・砂糖により水分活性を低下させ保蔵性を高めていた．結果的に水分30％以下，塩分10％以上，糖分50％以上となり，極めて保蔵性が高まり常温流通も可能としていた．

同様に，みりん干しや佃煮だけではなく**乾燥珍味**類も，常温流通が可能である．最近では減塩，ソフト化により，調味液濃度の低下，漬け込み時間の短縮，乾燥度の低下などが行われ，薄味で柔らかい製品が多い．

A. みりん干し

原料は，イワシ，サバ，サンマ，カワハギ，アジなど非常に多くの魚種が利用されている．関東ではさくら干しともいわれる．ほとんどの製品が調理，調味料漬け込み，乾燥に製品化される．

B. 佃煮

原料は，各地域で多種類におよぶ＊．佃煮，しぐれ煮では，おもに醤油，砂糖，あめ煮では砂糖，水あめ，食塩を用いる．気体透過性の低い包装材で真空包装後，加熱殺菌を行う．甘露煮はアユ，ウグイ，イワナなど比較的大型の淡水魚を生・素焼き・干したものを下煮後，醤油・砂糖を添加・煮込み，水あめで照りをつけ製品とする．

C. ソフトさきいか

生産・消費量も多く，一般に親しまれているが，加工工程は調味加工品の中では最も複雑で，イカの原料特性に配慮して細かく調製されている．原料は最適とされる**スルメイカ**のほか，アカイカ，カナダイレックス，アルゼンチンマツイカも用いられる．剥皮した白裂きと皮付きの黄金タイプがあり，白裂きでは温湯中で剥皮（皮付きでは省略）後，煮熟，一次調味，乾燥，冷凍，圧焼，伸展，裂き，二

＊魚類ではコウナゴ，シラス，小アジ，アユなど，貝類ではアサリ，ハマグリ，シジミなど，甲殻類ではエビ，アミ類（イサザ），海藻類ではコンブ，ヒトエグサなどである．

次調味，水分調節と多数の工程を経て製品となる．製品の水分活性や塩分，pHなどが保蔵性や食感に影響するため，これらの管理と微生物の制御が重要である．

D. その他調味加工品

鯛味噌，鮒味噌は，魚肉を味噌で煮詰めたもので，各地域で製造されてきた魚介味噌である*．さけフレーク，かつお調味加工品などは，瓶詰やフィルム包装後，加熱殺菌し，冷蔵・冷凍だけではなく常温流通もしている．全国的に消費される製品と地域限定的に好まれるさまざまな調味加工品がある．

*そのほか，焼アナゴ，焼サバ，うなぎ蒲焼きなどの焼き加工品，煮だこ，むきシャコなどのゆで加工品，えびせんべい，魚せんべいなどの魚介せんべい，ソフトとば（シロザケ加工品）やイカ射込み煮など．

13.8 海藻類

海藻は古くから日本人に食され，最近では食品機能性の面でも注目されている．コンブやノリは多くが乾製品（素干し）で，ワカメ類やモズク類は塩蔵，一部のノリ類やコンブ類は佃煮などに二次加工される．極めて水分の多い海藻類は，非常に腐敗しやすいため，加工により水分活性を下げる．ノリでは，乾し海苔，焼き海苔，味付け海苔が主要製品で，乾し海苔は，紙漉きと同様の原理で，細断，調合，抄製，脱水，乾燥の工程を経る．焼き海苔・味付け海苔はいずれも乾し海苔の二次加工品で，火入れ（焼加工）や調味液を用いて製造する．次いで多いコンブ類は素干しされた乾燥コンブがおぼろ昆布・昆布茶・佃煮などに二次加工される．ほかにスキコンブ，塩昆布などがある．ワカメ類は乾燥させた板ワカメ，灰干しワカメ，糸ワカメ，モミワカメなどと湯通し塩蔵ワカメとその二次加工品がある．ほかの海藻製品として板アラメ，ヒジキ乾製品，えごねり（エゴノリ製品，新潟），ぎばさ（アカモク，秋田）など各地に特有の海藻加工品がある．いずれも保蔵性を高めた，乾製品や煮熟・調味加工品が多い．そのほか，海藻特有の成分を利用した寒天，アルギン酸，カラギーナンが広く利用されている．

A. 寒天

寒天は，テングサやオゴノリなどの紅藻類から寒天質（アガロースやアガロペクチン）を熱水抽出したもので，寒冷な冬季の低温を利用して乾燥させた天然寒天（角寒天・細寒天）と，機械により乾燥し通年製造される工業寒天に分かれる．

天然寒天では，テングサなどを酸性熱水中で煮熟することで寒天質を抽出し，濾過後，冷却凝固させて，ところてんを得る．次いで，棒状に切断し，冬季に戸外で凍結・融解を繰り返し，脱水して寒天を得る．

工業寒天では主原料にオゴノリを用いる．水酸化ナトリウム水溶液で処理し，強度が高いゲルを得る．豊富なオゴノリ資源量と合わせ工業寒天の主流となって

いる．脱水後，数工程を経て製品となる．

寒天は食品添加物の一般飲食物添加物に指定され，ヨーグルトやジャム，佃煮などの加工食品の安定剤として使われる．

B. アルギン酸ナトリウム

アルギン酸とその化合物は高い粘性があり，強いゲルを作るため，既存添加物に指定され，多くの食品や医薬品で増粘剤，糊料，乳化剤として用いられている．コンブやワカメなどの褐藻類に，アルカリを加えて加熱し，藻体中のアルギン酸を可溶化する．炭酸ナトリウム液を加えて**アルギン酸ナトリウム**として溶出させ，数工程で製品とする．

C. カラギーナン

カラギーナンは硫酸多糖の高分子で強いゲルを形成するため，**増粘安定剤**として既存添加物に指定され，アイスクリームなどの乳製品をはじめ多くの食品や化粧品で安定剤，ゲル化剤，増粘剤として用いられている．キリンサイやスギノリ属の原藻乾品を水酸化カルシウム処理後，熱水抽出，濾過，脱水後，熱風乾燥，粉砕，粒子サイズをそろえて，粉末を得る．

演習 13-1 水産物の保蔵性を高めるための加工・保蔵技術について述べよ．
演習 13-2 保蔵性が向上した各種水産加工食品について，その原理を述べよ．
演習 13-3 水産練り製品の製造法について加工原理を含めて説明せよ．
演習 13-4 加工食品における海藻類の利用について述べよ．

14. 油脂類

　油脂は，揚げ物やフライ調理に欠かせない．また，食品のおいしさとも大きく関係している．油脂を主原料とした加工食品も多い．一般に常温で液体のものを油 (oil)，固体のものを脂 (fat) という．原料の由来により脂肪酸の組成は異なるため，化学的，物性的そして栄養的な性質に違いが生じる．

14.1 植物油脂

　大豆油，オリーブ油など植物油脂の多くは不飽和脂肪酸を多く含み，常温で液状であるが，パーム油，カカオ脂，やし油などは，飽和脂肪酸を多く含み，常温で固形あるいは一部固形状である．

　大豆油，なたね油（キャノーラ油），ゴマ油，綿実油，サフラワー油などは，種子から油脂を得る．トウモロコシ油や米ぬか油などは，胚芽部分を原料とするため胚芽油ともいわれる．オリーブ油やパーム油は，果肉部分を原料とする．ゴマ油は，特有の風味を出すため搾油前に原料を焙煎する．

　サラダ油とは，生食用に精製度を高め，低温でも濁ったり，固化しないよう必要に応じて精製（ウィンタリング）した油である．調合油は，2種類以上の油脂を混合したものをいう．安価で比較的風味のよいことから，大豆サラダ油となたねサラダ油を混合した調合サラダ油が，調理用油として広く流通している．

A. 植物油脂の製造法（図14.1）

a. 圧搾法

　圧搾機を用いて圧力をかけ，機械的に油を搾り出す採油法である．油分の多い原料（パーム，カカオ）や原料特有の風味を残したいもの（オリーブ，ゴマ）に適した方法である．

図 14.1 一般的な植物油脂の製造工程
点線は適宜行う工程

b. 抽出法

油分が比較的少ない原料（大豆，綿実，米ぬか）は，<u>有機溶剤</u>（ヘキサン）に浸漬して油分を抽出する．抽出後に蒸留を行い，有機溶剤を完全に除去する．

c. 圧抽法

圧搾法で採油した後，残った油分をさらに抽出法を用いて採油する方法である．油分が多く圧搾法だけでは十分に採油できない原料（菜種，ひまわりなど）に用いられる．

d. 精製方法

多くの植物油は，原料から油脂を採取（原油）した後に精製を行い，不純物を除き，無味無臭の植物油脂を製造する．一般的に，①<u>脱ガム</u>（リン脂質の除去），②<u>脱酸</u>（遊離脂肪酸の除去），③脱色（色素の除去），④脱臭（臭い成分の除去）の順で行われる．オリーブ油やゴマ油などは，風味を残すため精製を行わない．べに花油やコーン油など，ろう分が多い油などは，ウィンタリング（<u>脱ろう</u>）を行う．

14.2 動物油脂

<u>動物油脂</u>の多くは，<u>飽和脂肪酸</u>を多く含み常温で固形である．陸産動物油脂（牛脂，豚脂など）と水産油脂（魚油など）の2つに分けられる．牛脂，豚脂，魚油といった動物油脂の油脂を採取する方法を<u>融出法</u>（<u>煮取り法</u>）という．加熱して融かし出す方法（乾式融出法），水や塩水を加えて材料と煮て浮上する油をとる方法（湿式融出法）がある．

a. 牛脂（ビーフタロー，ヘット）

風味の面からフライドポテトやカレールーなどに使用されてきたが，近年の植物油志向により需要は減少傾向にある．工業用途（石けん，化粧品原料）に用いられる量のほうが多い．

b. 豚脂（ラード）

風味が良く安定性が高いことからフライに用いられる．菓子のサクミ（ショート

ニング性)を付与するため，ベーカーリー用としても使用される．純正ラードの原料は豚脂のみであるが，調整ラードは融点を調整するため牛脂やパーム油が少量添加される．

c. 魚油

いわし油を中心に国内の生産量は多かったが，イワシの水揚げ量減少に伴い，生産量は激減した．水素添加常温で固体化されたもの(硬化油)は，物性面で優れているため，パンや菓子用のマーガリン，ショートニングとして利用される．原料魚を加熱したのち，圧搾機を用いて油を搾る．搾られた油は，精製(脱ガム，脱酸，脱色，脱臭)される．

14.3 加工油脂

A. 油脂加工技術

a. 水素添加(硬化)

不飽和脂肪酸の二重(不飽和)結合に水素を付与することを**水素添加**(硬化)という(図14.2)．反応容器に油脂と触媒(ニッケルなど)を入れ，水素を加えて加熱することでこの反応が起きる．不飽和脂肪酸が飽和脂肪酸へと変化するため，融点は上昇し固まりやすくなる．水素添加の程度を調節することで，求める物性(融点や硬

図 14.2 水素添加における飽和化とトランス化(反応の一例)

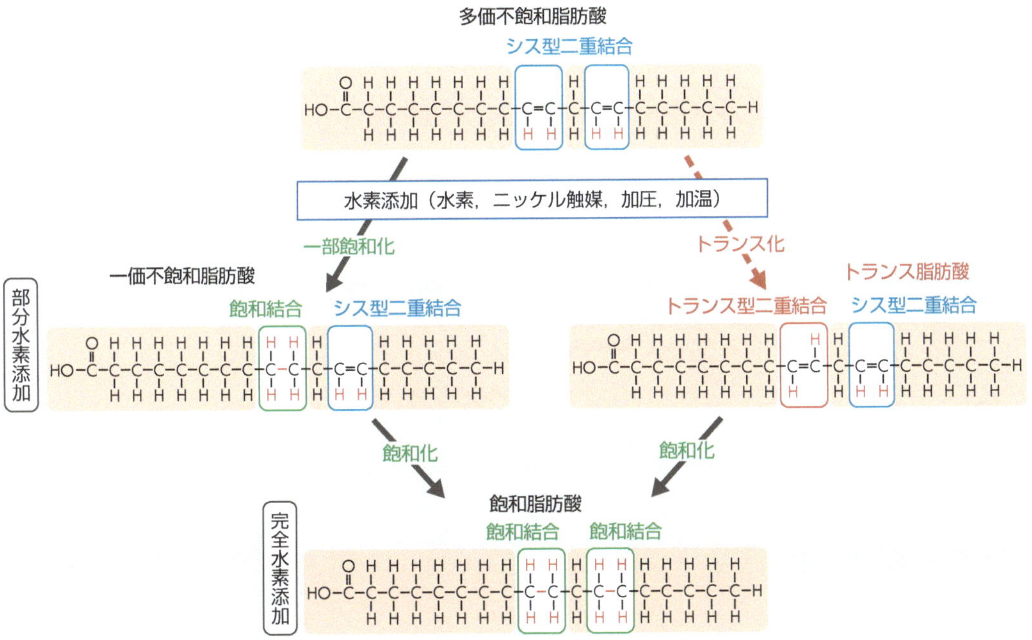

さ)の油脂を得ることができる．水素添加の過程で，シス型(天然型)である不飽和脂肪酸は，一部トランス脂肪酸に変化する．トランス脂肪酸は，血中のLDL-コレステロールを増加させ，HDL-コレステロールを減らす．日本人の平均的な摂取量では問題ないが，多量に摂取することは望ましくない．

b. エステル交換

油脂の物性(融点，溶解性など)は，脂肪酸の存在比率だけなく油脂(トリアシルグリセロール)分子内における脂肪酸の組合せも大きく影響する．したがって，複数の油脂を単純に混合するだけでは，目的の物性を得られないことがある．触媒(ナトリウムメトキシド)やリパーゼを用いて分子内の脂肪酸を交換することを**エステル交換**という(図14.3)．安価なチョコレート油脂(カカオバター代用脂)を製造するため，エステル交換技術が使用されている．

c. 分別

油脂(トリアシルグリセロール)中の構成脂肪酸の組合せは多様であり，油脂中には低温で固まりやすい分子と固まりにくい分子が混在している．低温で放置し固まりやすい分子を結晶化させることで，固まりやすい油脂と固まりにくい油脂とに分別することができる(**分別油**)．サラダ油を得る精製工程では，油脂を冷却したのち濾過して，結晶しやすい成分を除いている．パーム油を一定の温度で放置した後に，液状部分(フライ用)と固形状部分(マーガリン，菓子用)に分別することで，それぞれの用途に適した油脂を得ることができる．

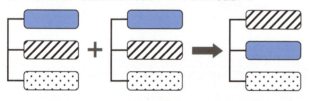

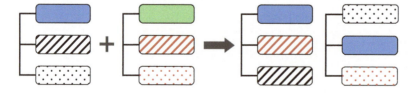

図14.3 エステル交換

B. 油脂加工品

a. 硬化油

水素添加により融点を高めて固形化した油脂を**硬化油**という．フライ油として独特の風味を有し，お菓子のサクミが付与されることなど，風味や嗜好上のメリットがある．また，不飽和脂肪酸が減少するので，酸化安定性も向上する．硬くなりすぎないように，完全ではなく部分的に水素添加しているものが多い（部分水素添加油）．硬化油は，マーガリン，ファットスプレッド，ショートニング，フライ油などに用いられる．

b. マーガリン，ファットスプレッド

バターの代用品として開発されたのが始まりである．油脂の含有率が80%以上のものは**マーガリン**，80%未満のものは**ファットスプレッド**に区分される．油中水滴型（W/O型）の食品である．食用油脂や硬化油を主原料として，乳化剤（大豆レシチンなど）や着色料（β-カロテン）などを混合した後，乳化して製造する．風味づけのために乳成分を添加することもある．原料油脂の物性を調整することで，冷蔵庫で冷やされていても，パンに塗りやすいよう工夫されている．低エネルギーで軽い風味であることから，マーガリンよりもファットスプレッドのほうが主流になっているが，賞味期限はマーガリンよりもファットスプレッドのほうが短い．

c. ショートニング

植物油を主原料として製造した**固形状**または**流動状**のものであり，可塑性や乳化性などの加工性を付与したものをいう．水分や乳成分を含まず，ほぼ100%が油脂成分であり，無味無臭の半固形状（クリーム状）あるいは液状であるものが多い．ラードの代用品として開発された．ここでいう加工性とは，ビスケットなどにおける**ショートニング性**（もろく砕けやすい性質）やフライ後のサクミなどをさす．固形状ショートニングの場合，ハンドリングをよくするために，窒素ガスを吹き込む場合もある．菓子やパンなどの加工用の原料として使用される．硬化油やパーム油が主原料として用いられることが多い．

d. マヨネーズ，ドレッシング

マヨネーズは，油分が65%以上で乳化剤として卵を使用した水中油滴型（O/W型）の半固形状ドレッシングのことである．油分が10%以上50%未満のものは，サラダクリーミードレッシングに分類される．主原料である鶏卵，食酢および食用植物油脂に，食塩，砂糖，香辛料などを加えて混合した後，**乳化**して製造する．マヨネーズのほかに，乳化液状ドレッシング（フレンチドレッシングなど）や分離液状ドレッシングなどの分類もある．ノンオイルドレッシングは，ドレッシングタイプ調味料に分類される．

e. 粉末油脂

油脂にタンパク質，デンプン，水および乳化剤を混合して**乳化**させた後に，**スプレードライ**によって**粉末化**させたものである．粉末状であることの利点を生かして菓子，パン，粉末スープ，調味料，惣菜などに使用されている．

演習 14-1 植物油脂の種類と特徴について製造法を含めて説明せよ．
演習 14-2 水素添加について述べよ．
演習 14-3 マーガリン，ファットスプレッドについて述べよ．

15. 発酵食品

　発酵食品とは，製造工程の中に微生物の作用を利用する工程を取り入れた食品のことである（表4.4参照）．発酵食品の原料として農・畜・水産物から幅広い素材が利用されており，カビ，酵母，細菌など複数の食用微生物が働いてそれぞれの発酵食品ができあがっている．多くの発酵食品は伝統食品に位置づけられるが，アルコール飲料などでは製造方法に最新の技術が取り入れられており，グルタミン酸ナトリウムや核酸系調味料などのうま味調味料の製造にも発酵法が利用されている．農産，畜産，水産加工食品における発酵食品は各章を参照のこと．

15.1 発酵食品と微生物

A. 発酵食品に関係する微生物の種類

　微生物は，高等微生物（真核生物）と原核生物（真正細菌と古細菌）とに分けられるが，発酵食品に関係する微生物は，高等微生物に属するカビと酵母，原核生物に属する細菌（真正細菌）である．カビと酵母はともに真菌類に分類され，キノコも同じ仲間である（図15.1）．カビと酵母の学問的な区別は明確でないが，形態が著しく

図15.1　微生物の分類

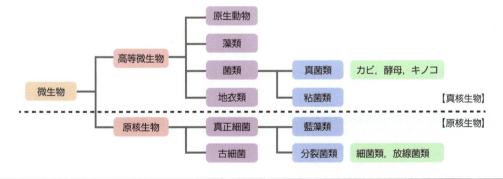

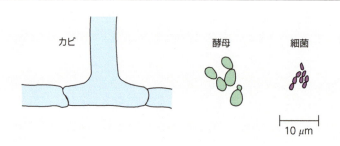

図15.2 微生物の大きさの比較

違うため，実用上は区別して扱われる．細菌と真菌の違いは数多くあるが，例を示すと，細菌の細胞（原核細胞）にはミトコンドリアおよび核膜に囲まれた核がない．真菌の細胞（真核細胞）にはそれらが存在する．また，真菌類（約5μm）は細菌（約1μm）よりも大きい（図15.2）.

　カビは糸状を呈するので，**糸状菌**ともいわれる．主として胞子によって繁殖し，好気的な条件で生育する．高いアミラーゼ（デンプンの糖化）活性やプロテアーゼ（タンパク質の分解）活性などを有するカビ（麹菌など）が利用される．

　酵母は**アルコール発酵**（1分子のグルコースからエタノールと二酸化炭素を2分子産生する）を行い，大半が単細胞（卵形や楕円形）で生活し，出芽によって増殖する．

　細菌は極めて多種多様である．細胞分裂で増殖するものと胞子によって増殖するものがあり，好気性と嫌気性の両方の細菌が存在し，生育可能温度も細菌の種類によって0℃以下から100℃近くまである．カビや酵母ではデンプンやタンパク質の分解能あるいはアルコール生産能が利用されるのに対し，細菌の利用範囲は広く，タンパク質の分解のほか，乳酸産生（**乳酸菌**），酢酸産生（**酢酸菌**）は，アミノ酸発酵などがある．

B. 発酵食品における微生物の働き

　微生物は適当な環境条件が整うと増殖を始め，最も増殖が盛んな対数増殖期を経て平衡期に達し，自己消化期に至る．この一連の過程で微生物が行う代謝作用によって原料の成分が分解あるいは他の物質に変換される．ここで原料成分に直接作用しているのは微生物が産生する複数の**酵素**である．しかし，酵素を原料に添加しただけで発酵食品を製造することは困難である．なぜなら，微生物は発酵の過程で刻々と変化する環境条件に応じて，酵素の働きを制御しているからである．多くの発酵食品では，発酵に関与する微生物が複数存在し，それらの働く時期は同じ時期よりも異なった時期である場合が多く，相互に影響をおよぼし合っている．発酵食品は，複雑で微妙な酵素作用を微生物により巧みに制御し製造されたものである．

15.2 味噌

A. 味噌の種類

味噌といえば一般的には調味料として用いられる普通味噌をさすが，それ以外に，そのまま副食品とされる加工味噌(なめ味噌と乾燥味噌)がある．

普通味噌は米味噌，麦味噌，豆味噌に分けられ，これらは麹の原料(米，麦，豆)の違いによるものであり，主原料は大豆である．また，米味噌は種類が多く，味によって甘，甘口，辛などに分け，色調によって白味噌，淡色赤味噌，赤味噌に分けられる．麦味噌(淡色，赤)は田舎味噌ともいわれ，甘口と辛口とがある．豆味噌(赤)は大豆だけを原料とするもので，東海3県(愛知，岐阜，三重)だけでつくられている．

B. 製造方法

米および麦味噌の製法を図15.3に示したが，豆味噌の場合は原料大豆の全量を製麹して製造する．白味噌は米麹の割合を多くし，短期間に熟成を終了させることで褐変を防ぐ．味噌に用いられるおもな麹菌(カビ)はアスペルギルス・オリゼで，酵母には耐塩性の高いチゴサッカロミセス・ルークシイが使われる．また，乳酸菌は味噌の塩味をやわらげる働きをし，耐塩性の高いペディオコッカス・ハ

図15.3 米味噌，麦味噌の製造工程
＊水分調節のために加える殺菌水．

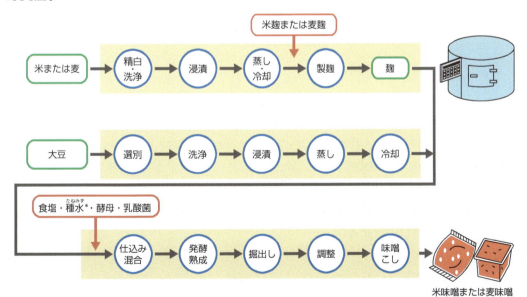

米味噌または麦味噌

		原料配合比率				熟成期間	特徴
		大豆	米	麦	食塩（製品食塩濃度）		
麦味噌	田舎味噌 ●	10	—	10〜12	5〜7（12％以上）	6か月〜1年	濃赤褐色を呈し，固有の風味がある
米味噌	江戸味噌 ●	10	8〜10	—	3〜4（5〜7％）	1〜2か月	赤褐色で，上品な甘みと芳香を有する．保蔵性に乏しい
	信州味噌 ●	10	6〜7	—	3〜4（12〜14％）	5か月以内	明るい山吹色を呈し，味にやや酸味があり，芳香を有する
	白味噌 ●	10	20	—	3〜3.5（5〜7％）	7日〜1か月	白色を呈し，甘味が強い．保蔵性に乏しい．関西地方で多くつくられる
	仙台味噌 ●	10	3〜5	—	4〜5（12〜14％）	6か月〜1年	光沢のある赤褐色を呈し，辛みが強い．長期保蔵に適する
豆味噌	八丁味噌 ●	10	—	—	2〜3（11％前後）	1〜3か月	光沢のある赤褐色を呈し，水分が少なく，わずかに苦みがあるが，うま味は強い．長期保蔵に適する．愛知県で多くつくられる

表15.1 主要味噌の原料配合と特徴

ロフィルスが用いられる．

なめ味噌には加工なめ味噌と醸造なめ味噌（金山寺味噌，ひしお味噌）があり，加工なめ味噌は普通味噌に魚や野菜などを加えて調味したもので，醸造なめ味噌は，脱皮大豆，大麦，野菜，食塩などを原料に，発酵させたあとに調味したものである．乾燥味噌は，普通味噌を乾燥して，粉末にしたものである．

表15.1に主要な味噌の原料，配合比率と特徴を示す．

15.3 醤油

A. 醤油は5種類に分類される

醤油はJAS法によって，**こいくち（濃口）醤油**，**うすくち（淡口）醤油**，**たまり（溜）醤油**，**さいしこみ（再仕込み）醤油**，**しろ醤油**の5種類に分類されている（表15.2）．また，もろみ（醪）を圧搾し，火入れする前のものをきあげ（生揚げ）醤油という．

製造方法としては，本醸造方式のほかに，新式醸造方式，アミノ酸液混合，酵素処理混合などがあり，これらは植物性タンパク質（脱脂大豆，小麦グルテンなど）を酸または酵素で分解したもの（アミノ酸液，酵素液）を副原料として加えることにより，醸造期間を短縮したものである．

B. 製造方法

本醸造方式を図15.4に示したが，新式醸造方式では脱脂大豆や小麦グルテン

表15.2 醤油の分類
数値は日本食品標準成分表より，全窒素量はタンパク質換算係数5.71で計算.

種類	原料	食塩濃度	全窒素量	定義と特徴
こいくち醤油	大豆, 小麦	14.5%	1.4%	大豆にほぼ等量の小麦を加えて麹の原料としたもの
うすくち醤油	大豆, 小麦, 米	16.0%	1.0%	麹はこいくち醤油と同じだが，蒸米または甘酒をもろみに加えるなどして色沢の濃化を抑制したもの
たまり醤油	大豆	13.0%	2.1%	大豆に少量の小麦を加えて麹の原料としたもの
さいしこみ醤油	大豆, 小麦	12.4%	1.7%	麹はこいくち醤油と同じだが，もろみは食塩水の代わりにきあげ醤油を使う
しろ醤油	小麦	14.2%	0.44%	小麦に少量の大豆を加えて麹の原料とし，色沢の濃化を強く抑制したもの

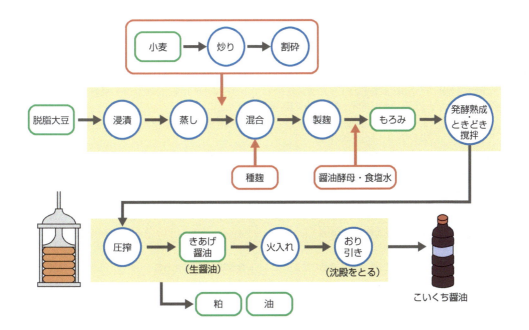

図15.4 こいくち醤油の製造工程

などのタンパク質原料を塩酸やプロテアーゼ（タンパク質加水分解酵素）により加水分解し，麹とともに仕込む方式である．また，たまり醤油には火入れ（加熱殺菌）したものとしていないものがある．

醤油の製法で味噌の製法と異なる点は，原料をすべて麹とし，可溶化を進めるために週に1回程度撹拌しながら長期間発酵させる点である．発酵に関与する微生物としては，種麹にはプロテアーゼとデンプン分解酵素を多く生産する麹カビ（アスペルギルス・オリゼまたはアスペルギルス・ソーエ），もろみの段階では乳酸を産生しpHを低下させる乳酸菌（ペディオコッカス・ハロフィルス），およびアルコール発酵と香気成分を生成する酵母（チゴサッカロミセス・ルキシとカンジダ・ベルソチリス）が作用する．

15.4　アルコール飲料

アルコール飲料は**エチルアルコール**を含む飲料である．酒税法第2条の定義ではアルコール分を1%（1度）*以上含むものとされ，4種類（表15.3）に分類されている．

酒税法の分類とは別に，製造方法によって酒類を**醸造酒**，**蒸留酒**および**混成酒**

＊酒類のアルコール濃度の表示は，わが国では15℃で酒100 mL中に含まれるエチルアルコールの容量（容量%）をアルコール度としている．

種類	品目などの内訳	定義の概要	発酵方法
発泡性酒類	ビール	麦芽，ホップ，水，麦，その他政令で定める物品を原料として発酵させた発泡性を有するもので，原料（水・ホップを除く）における麦芽の使用率が2/3以上（アルコール分20%未満）	単行複発酵
	発泡酒	原料の一部に麦芽または麦を使用した発泡性を有するもの（アルコール分20%未満）	単行複発酵
	その他の発泡性酒類	ビールおよび発泡酒以外の酒類のうち，アルコール分が10%未満で発泡性を有するもの（原料に麦芽・麦を使用していない）	単行複発酵
醸造酒類	清酒	米，米麹，水，清酒粕，その他政令で定める物品を原料として発酵させてこしたもの（アルコール分22%未満）	並行複発酵
	果実酒	果実，糖類を原料として発酵させたもの（アルコール分20%未満）	単発酵
	その他の醸造酒	糖類などを原料として発酵させたもの（アルコール分20%未満）	単発酵
蒸留酒類	連続式蒸留焼酎	アルコール含有物を連続式蒸留機で蒸留したもの（アルコール分36%未満）	並行複発酵
	単式蒸留焼酎	アルコール含有物を単式蒸留機で蒸留したもの（アルコール分45%以下）	並行複発酵
	ウイスキー	発芽させた穀類，水を原料として糖化させて発酵させたアルコール含有物を蒸留したもの	単行複発酵
	ブランデー	果実，水を原料として発酵させたアルコール含有物を蒸留したもの	単発酵
	原料用アルコール	アルコール含有物を蒸留したもの（アルコール分が45%を超える）	単発酵，単行複発酵，並行複発酵
	スピリッツ	リキュール，粉末酒，雑酒を除く品目のいずれにも該当しない酒類でエキス分2%未満のもの	単発酵，単行複発酵，並行複発酵
混成酒類	合成清酒	アルコール・焼酎または清酒とブドウ糖，その他政令で定める物品を原料として製造した酒類で清酒に類似するもの（アルコール分16%未満，エキス分5%以上）	単発酵，単行複発酵，並行複発酵
	みりん	米，米麹に焼酎またはアルコール，その他政令で定める物品を加えてこしたもの（アルコール分15%未満，エキス分40%以上）	並行複発酵
	甘味果実酒	果実および糖類を原料として発酵させたもので，果実酒以外のもの，果実酒に一定量以上の糖類，ブランデーなどを混和したもの	単発酵
	リキュール	酒類と糖類などを原料とした酒類（エキス分2%以上）	単発酵，単行複発酵，並行複発酵
	粉末酒	溶解してアルコール分1%以上の飲料とすることができる粉末状のもの	単発酵，単行複発酵，並行複発酵
	雑酒	上記のいずれにも該当しないもの	単発酵，単行複発酵，並行複発酵

表15.3　酒税法第3条に基づく酒の分類と発酵方法
単行複発酵は糖化したのち別の容器で発酵させる．並行複発酵は糖化と発酵を同じ容器内で行う．

の3種に分類することができる．醸造酒はアルコール分が低く，エキス分が高いのが特徴で，原料をそのまま酵母によって発酵させた**単発酵酒**（ワイン：原料にスクロースやグルコースが含まれているために糖化の必要がない）と，原料を**糖化**したあとに酵母によって発酵させた**複発酵酒**（清酒，ビール：麹や麦芽によって原料のデンプンを糖化する必要がある）がある．蒸留酒（焼酎，ウイスキー，ウオッカなど）は醸造酒を蒸留して製造するもので，アルコール分が高く，エキス分が低い．混成酒（梅酒，キュラソーなど）は醸造酒や蒸留酒に花，葉，果実などを浸して味，香り，色を抽出したもので，一般的には，アルコール分，エキス分ともに高い．酒類は**酵母**のアルコール発酵を利用しており，嫌気的な条件で糖類をエチルアルコールと二酸化炭素に変える．

A. 清酒

清酒は日本の伝統的醸造酒で，精白米のデンプンを麹菌の酵素（α-アミラーゼ）によって糖化する工程と，日本酒酵母によって発酵させる工程を同時に行う**並行複発酵酒**である．製造工程図を図15.5に示した．清酒の原料は米，米麹，水であるが，製造時の中間産物として蒸米*，麹および酒母（酛）を個別に製造する工程があり，酒母に蒸米，麹および水が段階的に加えられることによってアルコール発酵が進行し，20%近くにも達するアルコールが生成される．

*むしまい，むしごめともいう

(1) 蒸米製造はデンプンをα化する　清酒の原料となる米は五百万石，山田錦などの酒造好適米である．精米の歩留まりは通常70%程度で，高級な清酒ほど歩留まりが低い．蒸しは白米の**デンプンをα化**し，糖化酵素の作用を受けやすくし，麹菌の繁殖も助ける．

(2) 製麹はカビを育てる　蒸米に種麹（麹菌：アスペルギルス・オリゼ）を加えて，室温（25〜28℃）で繁殖させる工程である．α-アミラーゼ（デンプン分解酵素）やプロテアーゼ（タンパク質分解酵素）などの酵素と酵母の生育に必要なアミノ酸，ビタミンなどの栄養素を含んだ**麹**をつくる工程である．

図15.5　清酒の全製造工程

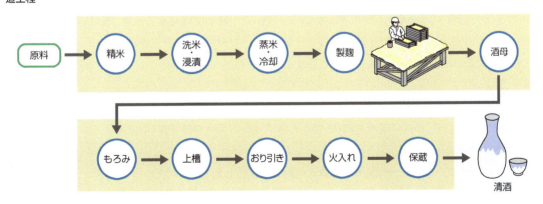

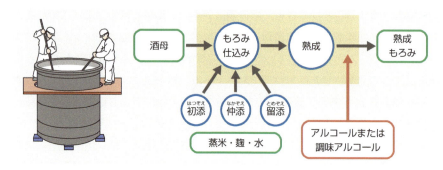

図15.6 もろみ製造工程
蒸米，麹，水を初添，仲添，留添の3回に分けて仕込む方法を三段仕込みという．

(3) 酒母製造（速醸酛）は酵母を育てる　もろみを発酵させるための優良酵母（サッカロミセス・セレビシエ）を培養したものが酒母である．麹，水，純粋酵母，醸造用乳酸を混合後，蒸米を加えて酵母を育成する．乳酸は雑菌の繁殖を抑え，添加した酵母だけを繁殖させるために添加されている．速醸系酒母（速醸酛，高温糖化酛，希薄酒母があり，製造日数は7〜15日）のほかに，乳酸菌をまず繁殖させ，乳酸が蓄積した時点で酵母を添加する生酛系酒母（生酛，山廃酛があり，製造日数は20〜30日）がある．

(4) もろみ製造（三段仕込み）は糖化とアルコール発酵を同時に行う　微生物が関与する最後の工程がもろみの工程（図15.6）で，アルコール，有機酸（コハク酸，乳酸，リンゴ酸など）を生成するほか，清酒特有の香味が形成される．最終的には20％ものアルコール濃度に達するが，それに必要な糖分（40％）を一度に添加すると酵母は発酵できず，酸やアルコールの濃度，酵母の数が低下し，雑菌に汚染されるおそれがある．糖化と発酵のバランスを保ちながら蒸米，麹，水を徐々に増量しながら8〜17℃の低温で発酵させる（並行複発酵）ため，従来は「寒造り」と称して，冬場にだけ仕込みが行われていた．もろみにアルコールを添加することをアル添，糖や有機酸などの調味料を溶かした調味アルコールを添加することを増醸という．

(5) 火入れ・保蔵で仕上げる　発酵の終わったもろみを新酒と酒粕に分離する圧搾操作を上槽（じょうそう，あげふね）という．次いで，新酒に残存する麹菌，酵母，米粒破片などを沈殿させて除くおり引きを行う．得られたものを生酒といい，60〜65℃の加熱による火入れによって仕上げられる．

B. 焼酎

焼酎は大きく分けて単式蒸留焼酎（焼酎乙類）と連続式蒸留焼酎（焼酎甲類）に分けられる．

単式蒸留焼酎は，アルコール含有物を単式蒸留機で蒸留したもののうち，アルコール分が45度以下のものをいう（本格焼酎）．アルコール発酵工程と蒸留工程を

経て製造され，砂糖を加えなければ本格焼酎と表示することができる．泡盛も本格焼酎に含まれる．

連続式蒸留焼酎は，アルコール含有物を連続式蒸留機で蒸留したもののうち，アルコール分が36度未満のものをいう．焼酎の特徴は，さまざまな原料が用いられる点である．

麹の原料としては，米と大麦があり，主原料には穀類（米，麦，ソバ，トウモロコシ），いも類，黒糖，酒粕のほか，ゴマ，ニンジンなども使われている．製麹（種麹には白麹がおもに用いられるが，泡盛は黒麹を使用する）およびもろみの工程は清酒の場合と大差ないが，清酒醸造の酒母に相当する一次もろみに対して仕込みを1回行うだけで二次もろみができあがる．蒸留はもろみ中の揮発性成分と不揮発性成分を分別し，揮発性成分をさらに濃縮する工程である．

C. ビール

麦芽，ホップ，水，麦，その他政令に定める物品（穀類，デンプン，糖類，苦味料，着色料）を原料として発酵させた発泡性の酒類で，原料（水とホップを除く）における麦芽の重量が2/3以上のものをビールという．原料の一部に麦芽または麦を使用した発泡性の酒類は発泡酒に分類される．麦芽は二条大麦を発芽させ，根を除いて乾燥させることにより得られる．糖化は麦芽や米のデンプンが麦芽自体のアミラーゼによって分解される工程である．ホップという植物の雌花のフムロン類が，ビールの苦味と芳香の付与，麦汁中のタンパク質の沈殿，有害微生物の発育阻止，泡立ちの向上などに作用する．続いて行う煮沸は，ホップ成分の抽出と麦汁の殺菌を兼ねている．

開放式の発酵層で酵母によってアルコール発酵を行うのが主発酵工程である．発酵中（10〜25℃）の二酸化炭素によって液面に浮かび上がる上面酵母を用いた上面発酵ビールはイギリス系のもので，香味が強く，アルコール度数が高い（6〜8%）．5〜10℃で発酵させ液面に浮かばない下面酵母を用いた下面発酵ビールは，ドイツ，米国，日本などでつくられ，切れ味がよく，冷やして飲まれる．密閉した貯酒タンクで行うのが後発酵で，二酸化炭素の液中への溶存，未熟臭の排除，香味の熟成などを目的とする．下面発酵ビールで後熟成したものをラガービールといい，発酵の終了したビールを瓶や樽に詰めたのが生ビール（ドラフトビール）である．また，最近では加熱殺菌を行わず，除菌濾過を行ったのちに充填したものを生ビールとも呼んでいる（図15.7）．

D. ワイン

ワインは，糖化の工程がない単発酵方式で製造される．これは，ブドウ果汁中のグルコースおよびフルクトースを酵母がアルコール発酵するためである．赤ワ

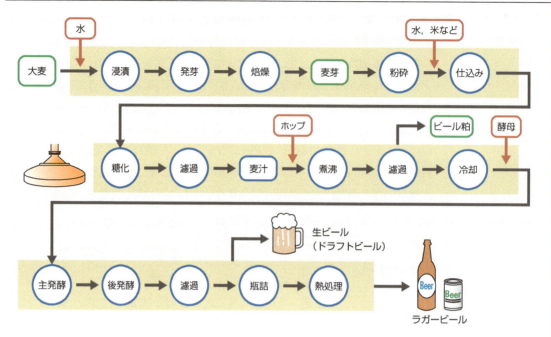

図 15.7 ビールの製造工程

インは赤あるいは黒ブドウの果実を原料とし，2〜7日の主発酵後に圧搾することによって，果皮から色素（エニン），種子からタンニンを抽出したものであり，白ワインは，黄白色または薄赤色のブドウ果実を原料に，色素やタンニンの溶出を防ぐために果皮と種子を除いたあとに主発酵を行ったものである．このほかに，ロゼワインがある．

ワインの仕込みには，ピロ亜硫酸カリウム（$K_2S_2O_5$，メタカリ）が添加されている．これは野生微生物の抑制，酵素的酸化の防止などを目的としている．主発酵が終了したワインは樽に保蔵して後発酵させるが，定期的におりを除去することで雑味がワインに移るのを防ぐ．この工程は好気的な熟成であるが，瓶に詰めたあと，コルク栓をして横たえて保蔵することで，嫌気的な熟成が進行する（図15.8）．

E. ウイスキー，ブランデー

ウイスキーには産地，原料，製法の違いによってさまざまな種類がある．主要な原料は大麦とトウモロコシで，糖化には大麦の麦芽が用いられ，酵母によりアルコール発酵したあとに銅製の単式蒸留機で2回蒸留する．スコッチウイスキーには泥炭（ピート）を燃やして乾燥させ，煙臭を付与した麦芽だけでつくるモルトウイスキーと，麦芽（10〜15%）とトウモロコシを原料としたグレンウイスキーとがある．通常のスコッチウイスキーは両者をブレンドしてつくられる．バーボンウイスキーは麦芽（12%），トウモロコシ（60〜75%），ライ麦（13〜28%）が原料

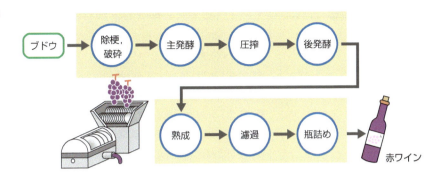

図15.8 赤ワインの製造工程

である.

ブランデーはブドウを原料としてアルコール発酵させたものを蒸留して製造するが,ワインと違ってアルコール発酵の際にピロ亜硫酸カリウムを添加しない.そのため,雑菌による汚染を防ぐために原料のブドウには酸味が強い品種が選ばれる.蒸留は単式蒸留機で2回行われる.

F. みりん

みりんは,アルコール(焼酎)存在下で蒸米を糖化させて製造するもので,アルコール発酵の工程はなく,調味料として用いられる本みりんと,飲用に用いられる本直しとがある.原料米として麹にはうるち米を用い,もろみ用には糯米を用いる.もろみにうるち米を使用すると,収量が低下し,みりん様の香気が得られない.従来は火入れをしていないため,酵素類が残存しており,品質の変化が激しかったが,現在では残存する酵素の失活と殺菌の目的で火入れをした製品が多くなっている.アルコールを約14%含み,酒類に分類される.

みりんと類似した調味料に,みりん風調味料と発酵調味料とがある.みりん風調味料は,糖類・米,米麹・酸味調味料などをブレンドしてつくられ,アルコール分,塩分ともに1%未満のもので,アルコールによる調理効果は期待できない.一方,発酵調味料は,米・米麹・糖類・アルコール・食塩などを発酵させて製造したアルコールを1%以上含むが,食塩を含むので酒税法の酒類に含まれない.

15.5 食酢

A. 種類

食酢は,酢酸を主成分とする調味料で,アルコールを酢酸菌によって酢酸発酵させてつくる醸造酢と,酢酸に調味料を混ぜてつくる合成酢がある.JAS法によ

表 15.4 JAS法による食酢の分類

分類		原料の規格
醸造酢	穀物酢	穀類の使用量が1L中40g以上
	米酢	穀物酢で米の使用量が1L中40g以上
	果実酢	果実の搾汁の使用量が1L中300g以上
	リンゴ酢	果実酢でリンゴの搾汁が1L中300g以上
	ブドウ酢	果実酢でブドウの搾汁が1L中300g以上
	醸造酢	穀物酢, 果実酢以外の醸造酢(酒精酢など)
合成酢	合成酢	醸造酢の使用割合が60%以上

図15.9 醸造酢の製造工程

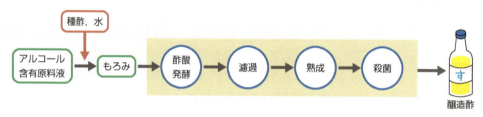

る分類を表15.4に示したが, それ以外にもアルコールそのものを原料とする酒精酢, 酒粕を原料とする粕酢などがある.

B. 製造方法

製造工程を図15.9に示した. アルコール含有原料液には, 穀類や果実をアルコール発酵させたものやエチルアルコールが含まれる. 種酢は酢酸菌(アセトバクター・アセティやアセトバクター・スブオキシダンスなど)の培養液である. 酢酸菌の一種であるアセトバクター・キシリヌムは液面にセルロースの膜(酢コンニャクという)を形成するため, 日本ではこの菌による汚染がないように注意して醸造される. 一方, 東南アジアではココナッツミルクに生じるこのセルロースでできた膜をナタデココとしてデザートに供している.

15.6 納豆

納豆は, 蒸し**大豆**を原料とする発酵食品であり, **糸引き納豆**と**塩納豆**(浜納豆(浜松), 大徳寺納豆(京都))とがあるが, 一般的には, 糸引き納豆のことをいう.

糸引き納豆には丸大豆を使ったものと, 丸大豆の表皮を除いて1/2〜1/4に割砕したひきわり大豆を使ったひきわり納豆とがある.

納豆の製造工程(図15.10)において, 種菌として用いるのは**納豆菌**(*Bacillus natto*)

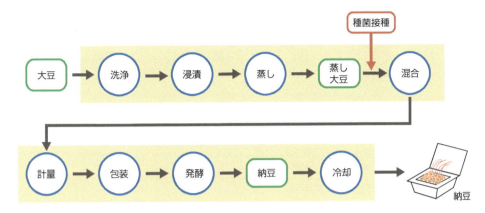

図15.10 納豆の製造工程

で，純粋培養されたものが用いられる．包装後に発酵工程がある点が他の一般的な発酵食品と異なる．発酵は室温35〜40℃，湿度60〜90%の環境で16〜18時間行われる．納豆の粘質物はグルタミン酸ポリペプチドとフルクタン（フルクトースの重合物）からなっている．

塩納豆は，製法からいえば豆味噌に近いもので，蒸し大豆に10%程度の焙煎小麦を加えて醤油麹菌で麹をつくり，食塩水で仕込み，数か月から1年の熟成後に豆粒を崩さずに乾燥させ，ショウガなどの香辛料を添加したものである．

15.7 テンペ

テンペはインドネシアの伝統的無塩発酵食品で，おもに大豆を原料として製造され，発酵が終了すると豆が完全に密着し，全体がカビの白い菌糸で包まれたケーキ状のものである．テンペは料理の加工素材として用いられており，油で揚げるかスープに加えるかして食され，生で食べることはない．

テンペの製造方法（図15.11）は，米国で工業的な規模で製造できるように改良

図15.11 テンペの工業的製造工程

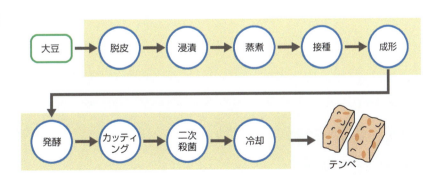

された．テンペの製造過程では**乳酸菌**または**乳酸**による大豆の酸性化（pH3.5以下）が重要で，腐敗や食中毒菌の増殖防止に役だっている．接種される発酵菌は，リゾプス属のオリゼ菌，オリゴスポルス菌，アルヒズス菌，ストロニファー菌の4菌株のいずれかが用いられる．

演習 15-1 各種の発酵食品における微生物の種類と働きについて述べよ．
演習 15-2 味噌の製造方法について述べよ．
演習 15-3 醤油の種類と特徴について述べよ．
演習 15-4 清酒の製造方法について述べよ．
演習 15-5 清酒，ビール，ワインでは発酵法が異なる．その理由について説明せよ．

16. 調理済み食品：
缶詰，瓶詰，レトルト食品，冷凍食品，インスタント食品

　缶詰，瓶詰，レトルト食品，冷凍食品は，食材を食材として，または調理済みの料理として保蔵するための技術である．これらを含めて簡単かつ短時間の調理で食べられるよう加工し，保蔵性を高めたものを広くインスタント（即席）食品ということができる．本章では，水分を加え，簡単な調理ですぐに食べることができるようにしたものをインスタント食品として述べる．

　缶詰と瓶詰に関しては，農産物，畜産物，水産物のそれぞれにJAS規格があり，「食料缶詰及び食料瓶詰についての製造業者等の認定の技術的基準」も定められている．レトルト食品は食品表示基準での定義があるほか，容器包装詰加圧加熱殺菌食品として規格基準がある．冷凍食品も規格基準があり，インスタント食品としては，即席麺のJAS規格，規格基準などがある．

16.1　缶詰，瓶詰とレトルト食品とは

　缶詰，瓶詰，レトルト食品は，容器に食品を密封することで微生物汚染を防ぎ，汚染の可能性のある食品中の微生物を加熱処理により殺菌することで，常温で長期保蔵を可能にした食品である．

A.　缶詰，瓶詰とレトルト食品開発の歴史

　1804年にフランス人ニコラ・アペールは，瓶に食品を詰め，密封を施し，加熱処理することで食品の保蔵を可能にする技術を開発した．パスツールが食品の腐敗は微生物の増殖によることを証明するより半世紀前のことである．アペールは，「悪い空気と触れることで食品は腐るが，瓶内に封入された空気は加熱されることで良い空気に変わる」と説明している．現在では，悪い空気とは，目に見えない微生物のことであると理解されている（図16.1）．

　缶詰は，1810年イギリス人ピーター・デュランが特許を取得した．しかし，

図16.1 ニコラ・アペールが開発した瓶詰の復刻品（A, B）
A：野菜のジュリエンヌ, B：瓶を漆喰で被う前の状態, C：缶詰生誕200周年記念復刻缶詰（野菜のジュリエンヌ）
容器文化ミュージアム（東京都品川区）では, 容器の歴史が展示されている.
［写真：A, B 公益財団法人東洋食品研究所, C 社団法人日本缶詰協会］

当時の缶詰は蓋をはんだで溶封したもので, 今日の二重巻締により密封した缶詰は米国でのサニタリー缶の開発（1897年）による.

その後, **レトルト食品**は1950年頃より米国で開発が始まり, 1959年に米陸軍研究所がレトルトパウチ開発に着手, 1969年に月面探査のアポロ11号にレトルトパウチが搭載された. 日本では1969年にアルミ箔積層レトルトパウチのカレーが製造販売された. その後, レトルト食品としてパウチ以外にカップなどプラスチック容器に詰められた食品が開発された.

16.2 缶詰

A. 缶の進歩

当初瓶詰であったが, 重い, 破損などの欠点を補うため金属容器が開発された. 最初の缶詰は空隙をはんだ付けで密封していたが, その後, **二重巻締**技術の開発, 耐熱性微生物による腐敗の防止のため100℃以上のレトルト殺菌技術などが開発

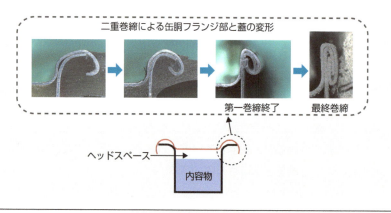

図16.2 二重巻締技術による缶詰の密封の原理

され，今日の缶詰へと発展した．

二重巻締技術による缶詰の密封の原理を図16.2に示す．蓋と缶胴の接触面ならびに蓋に塗布したコンパウンド（混合密封剤）により密封性を保っている．

B. 缶詰の種類

缶容器の構成によりスリーピース缶（缶胴，上下2枚の蓋）とツーピース缶（缶と蓋）に，容器の素材から**ブリキ缶**，ティンフリー缶（TFS缶），**アルミニウム缶**に，また，容器内面の有機塗膜による被覆の有無により塗装缶と無塗装缶に，缶詰内圧による陰圧缶と陽圧缶にそれぞれ分類され，食品や用途により使い分けられている（図16.3）．

図16.3　缶容器の例
スリーピース缶の塗装缶（左）と無塗装缶（右）

C. 缶の構成

缶は缶胴と蓋から構成され，缶胴と蓋それぞれに特殊な加工がなされる（図16.4）．

(1) エクスパンジョンリング　殺菌工程での缶の膨張・収縮による変形・破損を防ぐため，缶底に**エクスパンジョンリング**という三重のリングが設けられている．

(2) ビード　製造工程や輸送中の缶のへこみを防止するため，缶胴に強度を与えるため設けられることがある．コストダウンのため肉厚を薄くした缶などで使用される．耐圧性を持たせる目的でダイヤカット形状の缶胴もある．ほかに，デザイン性を付与する加工もある．

図16.4　缶の構成
底蓋（右）にエクスパンジョンリング，上蓋（左，イージーオープンエンド）にディンプル，缶胴にビードが設けられる．

(3) ディンプル イージーオープンエンド(蓋)に設けられるディンプルといわれる突起はタブの動きを固定するためである．エクスパンジョンリングと同様に変形を防止する効果もある．

> **イージーオープンエンドの導入**
>
> 缶詰を開けるためには缶切りなど器具が必要であった．1959年ごろ米国で携帯性・利便性の観点から，容易に開封できるイージーオープンエンドが飲料缶詰で導入された．導入時はイージーオープンエンドのタブが外れるタイプであったが，開封したタブの飛散による汚染が問題となり，環境保全の観点から現在のステイオンタブになった．食品缶詰ではフルオープンエンドが開発されたが，その後廃棄する缶容器の洗浄時などに開口部で指を切ることがあり，損傷防止を講じた缶詰も販売されている．

D. 缶詰の製造方法

缶詰は，一般的に原料受入→選別→下処理→充填→密封→殺菌→検査→出荷の順で製造され，下処理は製造する食品により異なり，各々に特徴がある．

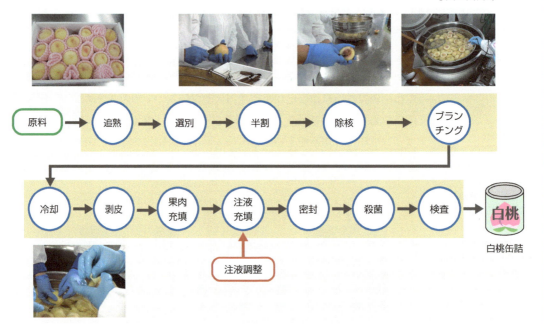

図 16.5 白桃缶詰の製造工程
写真は実習時

表16.1 白桃シラップ漬缶詰の殺菌条件
＊殺菌時間に到達するまでの時間

缶 型	加熱初温(℃)	殺菌温度(℃)	殺菌時間(分)	カムアップタイム＊(分)
4号	18	95〜100	18〜50	3〜20
5号	18	90〜100	20〜60	2〜10

表16.2 果実シラップ漬缶詰の糖度規格

規　格	糖　度
エキストラライト	10%以上14%未満
ライト	14%以上18%未満
ヘビー	18%以上22%未満
エキストラヘビー	22%以上

a. 農産物缶詰

農産物缶詰は低温殺菌で済む酸性食品の果実缶詰（最終製品のpHが4.6より酸性のpH）と，レトルト殺菌が必要な低酸性食品の野菜缶詰（最終製品のpHが4.6より中性側のpH）に分けられる．図16.5に代表的な缶詰として白桃缶詰の製造法を示す．

白桃原料は追熟し，適性の良い原料のみを選別する．白桃原料を縫合線に沿って2つに切断（半割）し，除核器で核を除く（除核）．90〜95℃の湯または蒸気で5〜10分ほど加熱する（ブランチング）．品種および追熟が適性であれば水冷後に皮は手で容易にむける（湯むき法）．規定量の果肉を缶容器に充填後，注液を充填して規定の内容総量にする．密封は減圧下で二重巻締めして，缶詰内を陰圧にする．殺菌は95℃で30分ほど（果実缶詰で主流の4号缶）の加熱殺菌を行う（表16.1）．

ブランチング工程は，①酵素失活，②脱気，③果肉の軟化，④アク抜きなどの目的でほとんどの果実で行われる．中心部で効果が出るまで行うが，加熱温度と時間は果実により異なる．

果実缶詰の糖度は表16.2に示す規格による．白桃缶詰ではヘビースタイル（表16.2）が主流であり，充填果肉の糖度から必要とする注液の糖度を求め，注液を調整する．さらに，最終製品のpHが3.8〜4.0になるよう酸味料としてクエン酸またはリンゴ酸，酸化防止剤としてアスコルビン酸を添加する．

殺菌は缶詰内で生育可能な微生物が殺菌対象となる．果実缶詰はpHが3.7を境にそれより酸性の強い高酸性食品であるミカン缶詰はカビ酵母を殺菌対象として80℃，10分ほど（果実缶詰で主流の4号缶）の加熱殺菌を行う．しかし，白桃缶詰などその他の果実缶詰はpHが3.8〜4.0であるため，*Clostridium pasteurianum*が殺菌対象となり，95℃で30分ほどの加熱殺菌が必要となる（表16.1）．

b. 水産物缶詰

ほとんどの水産物缶詰はpHが4.6以上の低酸性食品であり，レトルト殺菌が必要となる．代表的な水産物缶詰としてさけ水煮缶詰の製造法を図16.6に示す．

受け入れたサケ原料の内臓・頭・尾・鱗を除去洗浄した後，切断する．魚肉は

4号缶：内径74.1 mm，高さ113.0 mm，内容積458 mL

レトルト殺菌：容器包装詰加圧加熱殺菌食品の製造基準として，中心部の温度を120℃で4分間加熱する方法とされている．

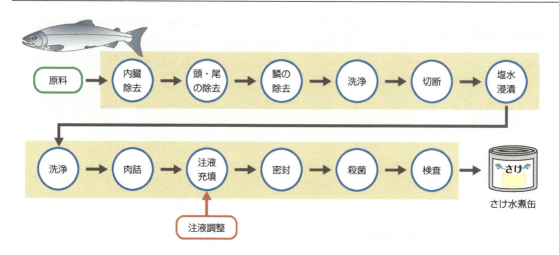

図 16.6 さけ水煮缶詰の製造工程

缶型	加熱初温(℃)	殺菌温度(℃)	殺菌時間(分)	カムアップタイム(分)	F_0値
平2号	15	115	90	15	8.1
平3号	20	115	60	10	8.2

表 16.3 さけ水煮缶詰の殺菌条件
F_0値とは，レトルト殺菌の指標として用いられる熱履歴である．z値を10℃として基準温度（121.1℃）に換算した熱履歴をさす．

15%程度の塩水に浸漬する．浸漬後洗浄し，魚肉を一定量秤量し，缶容器に充填する（肉詰）．注液として，水もしくは0.4%食塩水を充填する（注液充填）．密封は果実缶詰と同様に減圧下で行う．密封後，115℃，80分ほど（缶型が平2号缶の場合）加熱する（殺菌）．魚の缶詰の場合，以下の点に注意が必要である．

(1) 切断工程 魚の切断では容器からはみ出さない一定の幅に切断する．大きすぎると巻締不良の原因となる．小さすぎると商品価値が低下する．

(2) 塩水浸漬 この工程は低い温度で浸漬する．液温が高いと微生物による変敗の原因となる．浸漬の目的として，①塩可溶性タンパク質を除去してカード発生防止，②塩味を付けるなどがある．

(3) 殺菌工程 野菜水煮缶詰はニンジン水煮缶詰を例にすると120℃で20～25分加熱殺菌する（缶サイズ7号缶，2号缶の場合）*．これに対し，魚の缶詰は115℃で60～90分ほど（表16.3）と，野菜水煮缶詰に比べ低温長時間殺菌する．これは，殺菌と同時に骨の軟化など調理も兼ねているためである．

＊加熱殺菌は缶容器サイズや具材などが大きいほど加熱時間を多く要する．

E. 缶詰食品の変敗・変質

缶詰食品は物理的・化学的・酵素的・微生物的な要因により変質する．微生物要因による変質が変敗である．変敗は**密封不良・殺菌不足・冷却不足**の3要因により起こる．耐熱性を有さない微生物による変敗は密封不良，常温で生育可能な耐熱性芽胞形成菌による変敗は殺菌不足による．しかし，50℃以上の高い温度

でしか生育できない耐熱性芽胞形成菌による変敗が業務用缶詰などでまれに起こり，殺菌後の冷却不足によることもある．

変敗以外に化学的および物理的な変質がある．化学的な変質として白桃缶詰における紫変（アントシアン色素と錫イオンが反応して赤色の果肉が紫色に変色する），物理的な変質としてミカン缶詰での白濁（ミカンに含まれるヘスペリジンがシラップ中に移行，結晶析出することによる濁り）など食品によりさまざまな変質が起こる．これらの変質は，食品ごとに原料選別や加工工程での防止法などで対応している．

16.3 瓶詰

A. 瓶詰の種類

瓶詰は密封方式により，ねじ口瓶，ツイストオフキャップ瓶，プレスオン・ツイストオフキャップ瓶，マキシキャップ瓶，オムニア瓶などがあり，それぞれに対応したキャップを使用する．瓶の色には，内容物を光劣化から保護する目的もある．保蔵中にビールが光により劣化することを防止するため，茶色のビール瓶が用いられている．ワインの色つき瓶も同様である．

B. 瓶詰の品質

瓶容器は缶と同様に酸素を透過させない．酸素劣化は密封時の容器内酸素残存量（初期封入酸素量）に依存するため，容器内を減圧にして密封することで初期封入酸素量を減らしている．

瓶は光を透過するため中身が見える容器であるが，透過した光により退色や異臭などの品質劣化が問題となる．この劣化を防止するため，箱詰・色つき瓶の使用など遮光処置が施される．

C. 瓶詰の製造方法

基本的な製造工程は缶詰の製造と同じである．ただし，ガラス容器は内外の温度差が大きいと破損する特徴がある．このため，殺菌工程は，缶詰と同様に行うが，急激な温度差をなくすため，ゆっくりと温度を上げ，冷却時にもゆっくりと温度を下げるレトルト殺菌技術が施される．

16.4 レトルト食品（耐熱性プラスチック容器）

レトルト食品とは，レトルト（加圧加熱殺菌装置）で殺菌できるパウチ（袋状），または成形容器（トレーなど）に詰められた食品をいう．

A. レトルト食品の種類

レトルト食品は袋に詰めたパウチ品とカップなどに詰めたプラスチック容器詰がある．プラスチック容器詰では，中身が液状タイプの場合は上部にヘッドスペースを設け，開口時に飛散を防止する．ゼリーのようなゲル状タイプの場合はヘッドスペースを設けない満中充填する．

B. レトルト食品の品質

レトルトパウチは使用するパウチにより，アルミなど金属箔を積層したパウチと積層していない透明パウチがある．金属箔積層パウチは光・酸素の透過を遮断するため，缶詰と同等以上の品質保持性を示す．しかし電子レンジで調理できない．

一方，透明パウチは透過する光と酸素の影響を受ける．光劣化を防止するため瓶と同様に遮光処置が必要である．酸素劣化に対しては容器の酸素遮断性が内容物の品質保持に大きく影響する．プラスチックフィルムは構成する物質により酸素遮断性が異なり，長期保蔵する食品に使用されるパウチは種々のプラスチックフィルムを積層し酸素遮断性を与えている．

プラスチック容器詰で使用する容器も同様である．ただし，内容物が液体の場合は開封時の液こぼれ防止のためヘッドスペースを設けるが，このスペースにある酸素が酸化劣化の要因となるため，窒素置換などで酸素をできるだけ除去することが必要となる．

C. レトルト食品の製造

基本的な製造工程は缶詰の製造と同じである．ただし，充填・密封時に窒素置換技術などを使い容器内に封入される酸素量を抑える点と，酸素遮断性がある容器を使用することで，酸素による食品の劣化を抑える点が缶詰と異なる．殺菌工程は缶詰と同様に行うが，使用する容器の特性からレトルトパウチ，プラスチック容器詰それぞれに応じたレトルト殺菌技術が施される．

16.5 冷凍食品

経済産業省が定める「計量法関係法令の解釈運用等について」では,「冷凍食品」,「冷凍品」および「冷蔵」の解釈について,
①「冷凍食品」とは,前処理を施し,急速冷凍を行い包装された状態で,消費者が購入する直前に冷凍の状態で販売(保蔵)されている商品をいうものとする.
②「冷凍品」とは,①以外の冷凍状態にある商品をいうものとする.
③「冷蔵」とは,低温(零度前後)で管理されている状態をいうものとする.
としている.

冷凍食品の保蔵温度については,もともと食品衛生法では,衛生学的な観点(微生物の増殖可能温度)および保存基準設定当時(1969(昭和44)年)の実行可能性を考慮し,−15℃と設定している.しかし,コーデックスの「急速冷凍食品の加工及び取扱いに関する国際的実施規範」において,急速冷凍食品は−18℃以下で保存されていることを規定している.そのため,一般社団法人日本冷凍食品協会の基準でも−18℃以下と定められている.

A. 冷凍食品の種類

一般に冷凍された食品の種類により,水産冷凍食品,農産冷凍食品といった素材冷凍食品と,素材を組み合わせた調理冷凍食品,冷凍菓子類,さらに冷凍食肉製品などの区分がある.冷凍食肉製品は,食品衛生法における食品区分では,冷凍食品ではなく食肉製品の区分になっており,独立した規格基準を定められている.しかし,その製造工程や流通・販売上の管理などは冷凍食品と同一であるため,冷凍食品のカテゴリーの一つとして取り扱っている.

冷凍食品の中には,冷凍食品全般の規格基準に加え,調理冷凍食品には独立した規格基準と表示基準が定められている.

調理冷凍食品は「食品表示基準」では,冷凍フライ類(冷凍魚フライ,冷凍えびフライ,冷凍いかフライ,冷凍かきフライ,冷凍コロッケ,冷凍カツレツ),冷凍しゅうまい,冷凍ぎょうざ,冷凍春巻,冷凍ハンバーグステーキ,冷凍ミートボール,冷凍フィッシュハンバーグ,冷凍フィッシュボール,冷凍米飯類,冷凍麺類とされている.

冷凍食品には食べる時に加熱が必要か否かにより,無加熱摂取冷凍食品と加熱後摂取冷凍食品という区分がある.さらに,加熱後摂取食品は,「凍結前加熱済」と「凍結前未加熱」に区分されている.さらに食品衛生法にもとづき,それぞれに規格基準が決められている(表16.4).

表 16.4 冷凍食品の種類と区分

食品の種類	区分		飲食方法	食品例
冷凍食品	無加熱摂取冷凍食品		加熱しないで飲食できる	冷凍果実，ケーキ，プリン，ゼリー
	加熱後摂取冷凍食品	凍結前加熱	凍結する直前に加熱し冷凍した食品で，飲食するときに加熱しなければならない	エビフライ，肉まん，しゅうまい，コロッケ
		凍結前未加熱	凍結する前に加熱しないで冷凍した食品で，飲食するときに加熱しなければならない	フライドポテト，春巻，イカフライ，コロッケ，ミックスベジタブル
	生食用冷凍鮮魚介類		加熱しないで食することができる	マグロ，イカ，タイなど切り身（刺身用）

B. 冷凍食品の表示

食品表示法による食品表示基準では冷凍食品は，
①冷凍食品であることの表示
②凍結前加熱の有無（凍結直前に加熱されたものであるかどうかの別）
③加熱調理の必要性（食べる前に加熱が必要かどうかの別）
④使用方法（解凍方法や調理方法など）
の表示が必要である．

なお，食品表示法において冷凍食品については，最終的に解凍して販売されるものであっても，冷凍食品として流通する際には冷凍食品としての表示が必要であり，解凍して販売する際には，販売する際の食品の区分に合った表示に適切に変更する必要がある．たとえば，惣菜を凍結させたものは冷凍食品になるが，それを販売店で解凍して冷蔵で販売する場合は，惣菜としての表示が必要となる．また，農産物，畜産物や水産物では，**単に凍結させた食品**は，食品表示基準においては，加工食品ではなく**生鮮食品**として扱われる．

C. 食品の長期保蔵を可能にする急速冷凍

最大氷結晶生成温度帯をゆっくり通過すると，大きな氷結晶が形成され，氷の結晶が細胞を内側から破壊してしまう．一方，この温度帯を速やかに通過すると，作られる氷の結晶は小さくなり，食品の細胞破壊を防ぐことができ，品質の劣化を防ぐことができる．細胞組織を破壊されずに凍結した冷凍食品は，解凍時にドリップがほとんど発生せず，みずみずしさや食感も残り，冷凍前と変わらない状態に戻すことが可能となる．

D. 素材冷凍食品の成分変化

a. 魚介類の変化

冷凍に強い食品，つまり冷凍耐性のある食品とは，含まれている水分量が比較的少なく，組織がしっかりしている食品である．その代表的なものが畜肉類で，その次に魚介類となる．

冷凍耐性が強い魚介類：マグロ・カツオなどの赤身魚，水分含量は多いが組織がしっかりしているタコ・イカ類

冷凍耐性が弱い魚介類：タラ・メヌケなどの白身魚，水分含有が多く組織が弱いエビ・カニ類，肉の保水性が低下している産卵直後の魚や脱皮後のカニ

冷凍耐性が弱い魚介類は，冷凍によりタンパク質が変性してスポンジ状になり，解凍の際にドリップが多量に出る．マグロの変色は，色素タンパク質ミオグロビンが酸化されてメトミオグロビンになる(メト化)ためである．メト化は，0℃以上では温度が高いほど進行し，また肉の表面で速く内部では遅く進行する．一方，－3～－10℃の冷凍温度帯では，0℃の氷蔵よりむしろメト化の進行が速い場合もあり，肉の表面より内部の方でメト化が起こりやすい．

b. 植物性食品の変化

野菜や果実は，組織が軟らかく，80％以上が水分である．したがって，野菜や果実の冷凍耐性は低い．そのまま冷凍すると細胞が破壊され，解凍したときに形が崩れやすく，冷凍中および解凍中に進行する酵素作用によって変色や異臭も発生し，商品価値を失う．

枝豆などの豆類，いも類，トウモロコシ，カボチャ，ホウレンソウなどの葉ものについては，冷凍耐性を高める方法として，沸騰水で短時間煮沸した後，冷水で急冷してから凍結することが行われている．加熱により組織中の酵素を失活させ，組織をある程度柔軟化することで凍結による野菜の細胞破壊を防ぐことができる(ブランチング)．食品表面の殺菌をするという衛生面での効果もある．果実の凍結では，冷凍中の酸化防止のために，糖液に浸して凍結することもある．

E. 調理冷凍食品の製造方法

調理冷凍食品は，食材を調理後冷凍し製品とするもので，コロッケの製造工程を図16.7に示す．最終調理前までの製品と，最終調理済みの製品がある．

F. 冷凍食品の包材

冷凍食品は，食品や表面の水分が凍って硬くなっているので，低温下で落下させたときなどにピンホールや破袋などが起こりやすい．そのため，包装材料としては，孔があかないような十分な強度と，臭いが移らないような香気遮断性，表

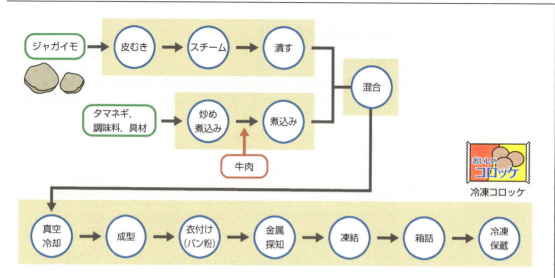

図 16.7　冷凍コロッケの製造工程

面が乾燥しないような水蒸気遮断性などが必要である．

ポリエチレンは，水低吸収性，耐衝撃性，ガス遮断性（気体の透過のしにくさ），耐薬品性などに優れたプラスチック材料である．業務用包材には，一般に強度の強い厚手の低密度ポリエチレンが使用され，強度の面からナイロンは包材の構成材料として必須で，消費者包装としてはポリエチレン/ナイロンなどの包材が用いられる．

16.6　インスタント食品

　インスタント食品とは，適切に加工処理がされていて，調味もされているので，調理が簡単ですぐに食べることができ，保蔵，携帯，輸送が容易な食品である．広義では缶詰，瓶詰，レトルトパック食品，真空パック食品，冷凍食品，乾燥食品などの形態があり，ここでは水分を加えることで簡単に食べることができるものをいう．即席麺，乾燥スープにはJAS規格がある．

A.　乾燥食品

a.　即席麺

　小麦粉またはそば粉を主原料として，食塩またはかんすい，その他麺の弾力性，粘性などを高めるものを加えて練り合わせた後，製麺したもののうち，添付調味料を添付したものまたは調味料で味付けしたもので，簡便な調理操作で食べることができるものをいう．製法として，加熱した油に麺を入れることによって，水

分を飛ばす瞬間油熱乾燥法（フライ麺）と，熱風で麺の水分を蒸発させて乾燥させる熱風乾燥法（ノンフライ麺）がある．

b. アルファ化米

精白米を炊飯すると，精白米は水を吸収して膨張して糊化（α化）する．この状態で急速乾燥すると，デンプンが老化（β化）することなく，α化した状態で保蔵することができる．湯，水，スープなどを添加するだけで飯の状態に戻すことができる．

c. 粉末スープ（乾燥スープ）

粉末状のスープがダマになりにくく早く溶けやすくするために，原材料の粉末を顆粒に加工する．この処理によって，粒子間に多くの空気を含み，水に入れた際に崩壊しやすくなる．商品には，熱風乾燥や凍結乾燥させた野菜類を添加することが多い．

B. 半乾燥食品（濃厚食品）

液体スープやペースト状食品は，濃縮して水分量を少なくしたり，食塩，糖類，調味料を溶かし込むことによって水分活性を低く抑えるように調整されている．また，pHの調整やアルコール添加による静菌を行うこともある．湯を加えたり調理をすることで適切な味の濃さに調整して飲食する．

演習 16-1 変形や破損を防ぐために缶詰容器に施されている特殊な加工について述べよ．

演習 16-2 レトルト食品について述べよ．

演習 16-3 冷凍食品を製造時における食材の成分変化について述べよ．

17. 調味料，香辛料，嗜好食品

味には甘味，酸味，塩味，苦味，うま味，辛味，渋味がある．本章では甘味，塩味，辛味に関係する調味料について述べる．嗜好食品については，茶，コーヒー，ココア，清涼飲料について解説する．

17.1 甘味料

甘味を感じさせる物質が**甘味料**で，現在その中心となるのは**砂糖**（ショ糖：スクロース）である．人類が最初に出会った甘味はハチミツである．甘味料は，糖質系甘味料（砂糖，デンプン糖，その他の糖，糖アルコール）と非糖質系甘味料（天然甘味料，合成甘味料）に大きく分けられ，合成甘味料にはサッカリン，アスパルテーム，アセスルファムKがある．

A. 砂糖（ショ糖）

砂糖の甘味の主体は α-グルコースと β-フルクトースが1,2-結合した二糖類で，サトウキビ（**甘蔗**（かんしょ），甘しゃともいう．イネ科）や**テンサイ**（サトウ大根，ビートともいう．ヒユ科）を原料としてつくられる．

世界の砂糖生産は甘蔗糖が約65％を占める．国内では沖縄・鹿児島両県の甘蔗糖と北海道のテンサイ糖がわずかに生産されているが，わが国で消費される**精製糖**の70％はオーストラリア，タイ，グアテマラなどから輸入された原料糖（粗糖）を加工して供給されている．

(1) 甘蔗糖　甘蔗は，収穫後に時間とともにショ糖の含有量が低下していくため，多くの場合は栽培地で原料糖まで加工される（図17.1）．できた原料糖は，消費地の精製工場に運ばれ精製して白砂糖（精製糖）がつくられる．場合によっては，栽培地で精製して白砂糖まで加工することもあり，これを**耕地白糖**という．

(2) テンサイ糖　生産地はヨーロッパおよび北米で，主として耕地白糖として

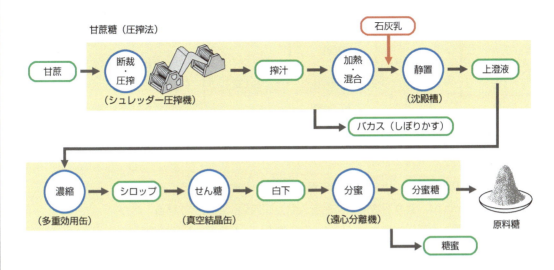

図 17.1 原料糖の製造

石灰乳混和：タンパク質などが凝固し，沈殿物として除去される．
せん（煎）糖：シロップを濃縮して結晶化する操作．
白下（しろした）：ショ糖の結晶と糖蜜との混合物で，分蜜して糖分 96 〜 98％を含む茶褐色の原料糖がつくられる．
［大槻耕三，田口邦子，食品保蔵・加工学 食べ物と健康, p.133, 講談社（2008）］

つくられる．テンサイは搾汁せず，厚さ 2 〜 3 mm の短冊状切片（コセット）に切り，まず 80℃まで加熱したのち，70 〜 75℃で糖分を抽出する．また，テンサイはラフィノースを含むので，糖蜜からショ糖を回収するとき，酵素メリビアーゼ（ショ糖とガラクトースに分解）を加えて回収率を高める．

(3) 精製糖の製造　原料糖から，洗糖（少量の洗浄水で結晶表面を洗い，不純物を除く）して，清澄（Bx（ブリックス）65 度，70 〜 75℃の糖液（リカー）に石灰乳を加えて炭酸飽充槽へ送り，不純物を吸着沈殿させ，濾過して清澄液を得る），脱色（活性炭法，骨炭法，イオン交換樹脂法を組み合わせて色素物質を除く）の精製工程を経た糖液（ファインリカー）を濃縮して，真空結晶缶で結晶化させ，分蜜，乾燥して精製糖をつくる．

(4) 砂糖の精製程度による分類　砂糖は製法により分蜜糖と含蜜糖に分類される（図 17.2）．

分蜜糖には原料糖と耕地白糖がある．耕地白糖の一つに，四国でごく少量生産されている和三盆（三盆白）糖があり，高級な和菓子に使われている．

含蜜糖は分蜜しないで糖蜜とともに固化した砂糖である．沖縄・奄美大島などでつくられる黒糖や，和三盆を分蜜する前の白下糖がある．また，分蜜糖に糖蜜を加えてつくられる赤糖や再生糖もある．これらはミネラルを含み独特の風味をもつ．

(5) 精製糖の純度，結晶の大きさの分類　精製糖を大きく分けるとざらめ（双目）糖，くるま（車）糖，加工糖になる．

ざらめ糖：白ざらめ糖，中ざらめ糖，グラニュー糖がある．結晶粒径が大きく（0.6 〜 2 mm）水分含量が少ない．濃厚溶液に少量の母結晶を加え，長時間かけて大きな結晶とする．グラニュー糖の結晶が最も小さい．

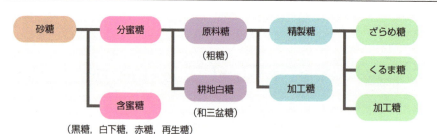

図17.2 製法による砂糖の分類

くるま糖：純度の高い順に，上白糖＞中白糖＞三温糖（黄褐色）がある．結晶粒径が小さく（0.2 mm以下），濃厚溶液に母結晶を入れ，短時間に結晶化させる．わが国では上白糖が最も大量に生産されている．上白糖のしっとり感は転化糖溶液（ビスコ）をふりかけているためである．

(6) 加工糖　加工糖は精製糖を原料とした二次製品であって次のようなものがある．

粉砂糖(粉糖)：純度の高い砂糖を細かく粉砕したもので，固結防止のため1〜4％のデンプンが加えられている．

角砂糖：少量の糖液で湿らせたグラニュー糖を加圧成形したものである．

氷砂糖：結晶が最も大きい砂糖で，白ざらめの濃厚溶液に母結晶を加え，60℃前後で結晶を成長させる．

顆粒状糖：濃厚な糖液を噴霧乾燥するか，湿らせた粉糖を造粒機にかけ乾燥した多孔質な砂糖で，溶解性が大きい．

液糖：ガムシロップ，清涼飲料水，ソース，焼き肉のたれなどに使用される．

(7) 転化糖　ショ糖にインベルターゼを作用させてつくられるフルクトースとグルコースの等量混合物で，砂糖より甘味が強い．

B. デンプン由来の糖：デンプン糖

デンプン由来の糖としてブドウ糖，果糖，異性化糖がある．

a. グルコース（ブドウ糖）

デンプンを酵素で加水分解してつくられるグルコースは（図17.3），結晶（無水，含水），精製（全糖）および液状の3種類に分類される．結晶グルコースのDE（dextrose equivalent）値は99〜100で，医薬用，菓子類に利用されている．

DE値はデンプンの分解の程度として次式で表す．

$$DE = \frac{直接還元糖（グルコース換算量）}{全固形分} \times 100$$

図 17.3 グルコースの製造工程

b. その他のデンプン糖

(1) 水あめ デンプンをシュウ酸（おもな生成物はグルコースとデキストリン）または麦芽のβ-アミラーゼ（おもな生成物はマルトースとデキストリン）で部分分解してつくられる．水あめ（DE値50～60程度）は，菓子類，調味料に利用され，粉あめ（DE値20～40程度）は酒類への需要が多く，また吸収がよいので治療食の素材としても用いられる．

(2) 異性化糖 グルコースイソメラーゼを作用させグルコースの一部をフルクトースに転換した液糖で，フルクトース分42％とフルクトース分55％の液糖が代表製品で飲料に多用されている．

(3) イソマルトオリゴ糖 デンプンを分解してつくられるマルトースに転移酵素を作用させ，α-1,4結合をα-1,6結合に転換したもので，虫歯菌に利用されにくい性質をもつ．ショ糖に似た甘みをもつ．

(4) フルクトース（果糖） 異性化糖または転化糖から陽イオン交換樹脂を用いて分離して得られ，甘味度が高く（低温では砂糖の1.2～1.7倍），ゼリー，清涼飲料に使用されている．

(5) カップリングシュガー デンプンとショ糖の混合液にシクロデキストリングルコシルトランスフェラーゼを作用させてつくられるデンプン，ショ糖，およびグリコシルスクロース（ショ糖のグルコース部位に1個または数個のグルコースがα-1,4結合したもの）を主要成分とする各種糖質の混合物で，虫歯菌に利用されにくい性質（非う触性）をもつ．

C. その他の甘味料

フラクトオリゴ糖：ショ糖に転移酵素を作用させてフルクトースを結合したもので，ビフィズス菌増殖活性をもち，低エネルギー甘味料である．

砂糖類およびデンプン由来の糖以外の甘味料には表17.1のようなものがある．

表17.1 砂糖およびデンプン由来の糖以外の甘味料

*1 砂糖の甘味度を1とする.
*2 食品添加物に指定されている.

分類		名称	原料	甘味度*1	特徴
糖アルコール		ソルビトール*2	グルコース	0.6	血糖値の急激な上昇を起こさない
		マルチトール	麦芽糖	0.8～1.0	非う蝕性
		キシリトール*2	キシロース	0.6～1.0	非う蝕性, ガムなどに利用
天然甘味料	配糖体類	グリチルリチン*2（グリチルリチンナトリウム）	甘草(カンゾウ)の根茎（マメ科）	200～300	味噌, 醤油に利用
		ステビオシド	ステビアの葉（キク科）	100～200	水産加工品, 漬物などに利用
		フィロズルチン	甘茶の葉（ユキノシタ科）	600～800	酸, 熱に安定
	タンパク質	ソウマチン（タウマチン）	果物（クズウコン科）	750～1,000	
		モネリン	果物（ツヅラフジ科）	3,000	
合成甘味料		アスパルテーム*2	アミノ酸	150～200	アスパラギン酸とフェニルアラニンからなるジペプチドのメチルエステル
		サッカリン*2（サッカリンナトリウム）	トルエン	500	使用基準（漬物, 練り製品, 佃煮など）
		アセスルファムK*2	ジケテン	200～250	熱に安定

17.2 食塩と風味調味料

A. 食塩

食塩は, 味付け調味用として, また, その機能（浸透・脱水・防腐）を利用して保蔵, 食品加工に多く使用されている. 日本では品質規格の定めはないが, コーデックスでは規格がある.

食塩の主成分は塩化ナトリウム(NaCl)で, 多少の不純物を含む. 日本では専売制度（流通, 販売の法的規制）が廃止され（1997年）, 健康面や嗜好の多様化などを背景に低ナトリウム塩や, 微量のカルシウム, マグネシウムなどのミネラルを含む多様な食塩が流通するようになった.

食塩は, 海水から直接製造されるのは1/3で, 残りは岩塩, 地下のかん(鹹)水(濃い塩水), 湖水(塩湖)を原料としている.

a. 食塩の種類

食卓塩, 精製塩, キッチンソルトなどは, 外国から輸入した原塩（NaCl 95％以

表 17.2 市販食塩の品質規格
＊1 吸湿防止のために加える.
＊2 25 kg 入りでは塩基性炭酸マグネシウムは加えない.

	NaCl	塩基性炭酸マグネシウム基準*1	粒度
食塩	99%以上		600〜150 μm 80%以上
並塩	95%以上		600〜150 μm 80%以上
食卓塩	99%以上	0.4%	500〜300 μm 85%以上
クッキングソルト	99%以上	0.4%	500〜180 μm 85%以上
精製塩（1 kg 入り）*2	99.5%以上	0.3%	500〜180 μm 85%以上

図 17.4 海水からの食塩の製造
採かん：海水を濃縮してかん水を採る.
せんごう（煎熬）：かん水や海水を煮つめて結晶を作る.

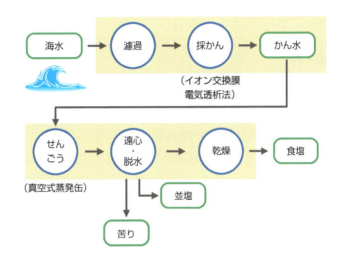

上の天日塩）を溶解し再製加工して製造され，湿気を防ぐために塩基性炭酸マグネシウムが加えられる．表17.2に（財）塩事業センターで販売されている食塩の一部の品質規格を示す．また，減塩目的で塩化ナトリウム以外の成分（塩化カリウム，硫酸マグネシウムなど）を25%以上含んだ低ナトリウム塩が利用されることがある．

b. 製塩法

日本での製塩法は従来の**塩田製塩**（入浜式塩田，流下式塩田）が1972年には**イオン交換膜電気透析法**で海水を濃縮して食塩をつくる方法に切り換えられた（図17.4）．

イオン交換膜電気透析法（図17.5）では，海水を入れた槽の中に陽イオン交換膜と陰イオン交換膜を交互に並べ，両端の電極に電気を流すと，イオンの移動が起こり膜と膜の間に1つおきに海水が濃縮される室と希釈される室とができる．希釈された室に海水を連続的に供給して濃縮室の塩分20%前後の**かん水**＊を集める．

副産物の**苦り成分**には塩化マグネシウム，塩化カリウム，硫酸マグネシウムが含まれている．苦りは古くから豆腐の凝固剤として使用されている．

世界の製塩法ではメキシコのゲレロネグロ塩田の天日塩田法（海水を池にひき入れて，太陽の熱と風の力だけでつくる）が最大規模である．

＊このかん水は中華麺の製造に用いられるかん水とは異なる．後者は製麺に「鹹湖の水」を使用したことがはじまりとされ，現在はその主成分の炭酸ナトリウムや炭酸カリウムの混合物が使用されている．

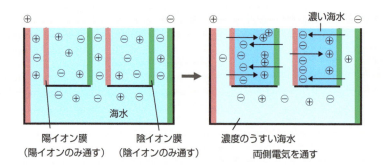

図17.5 イオン交換膜電気透析法
海水中のNa$^+$とCl$^-$のイオンが移動し, 濃い海水が得られる.

B. 風味調味料

調味料には, 基本調味料（砂糖, 食塩など）, 発酵調味料（味噌, 醤油, 食酢など）, うま味調味料, 天然調味料（エキス系, アミノ酸系）およびこれらを混合したものがある. 料理の基本味となる"だし"の代表的なものは, コンブ, かつお節, シイタケなどで, その中のうま味成分を発酵法や化学的な方法で製造したグルタミン酸ナトリウム（MSG）, イノシン酸ナトリウム（IMP）, グアニル酸ナトリウム（GMP）などを「うま味調味料」という.

風味調味料の食品表示に関する用語の定義を表17.3に示す. JASの成分の割合は糖分40％以下, 食塩35％以下（糖分と食塩分の合計が65％以下）, 風味原料8.3％以上, デンプン+デキストリン2％以下である. 多種類の材料と複雑な工程を経て製造される. 簡便かつ経済的にだしの風味を付加できる調味料として使われている. 日本食品標準成分表では顆粒和風だしの名称で記載されている.

表17.3 食品表示基準における風味調味料

用語	定義
風味調味料	調味料（アミノ酸など）および風味原料に砂糖類, 食塩など（香辛料を除く）を加え, 乾燥し, 粉末状, 顆粒状などにしたものであって, 調理の際, 風味原料の香りおよび味を付与するもの
風味原料	節類（かつお節）, 煮干魚類, コンブ, 貝柱, 乾しいたけなどの粉末または抽出濃縮物

17.3 香辛料

香辛料は狩猟時代から肉や魚の保蔵を目的（殺菌）に用いられはじめたと考えられているが, 食味の向上と食欲の増進をもたらすものとして食品加工, 調理になくてはならないものとなっている. また, 現在では, 香辛料のもつ生体調節機能（消化吸収促進, 疲労回復, 抗酸化性, 発がん抑制作用）もわかってきた.

香辛料とは植物体のうち，根，地下茎，茎，樹皮，葉，つぼみ，花，果実，果皮，種子などから得られる特有の香気，辛味，美しい色を示すものとして，多くは乾燥してそのまま，または，粉砕したものを使用する．また，香辛料は利用する部位によって大きく**ハーブ**と**スパイス**とに分けられる．ハーブとスパイスの定義はさまざまであるが，茎，葉，花を利用したものがハーブ，それ以外を利用したものがスパイスに分類されることが多い(表17.4)．

和食における添え物である「薬味」も，料理をよりおいしく食べるための役割としては香辛料と同じ意味をもっており，ハーブもあればスパイスもある(表17.4)．

香辛料は単独で用いられる場合と**七味唐辛子**(トウガラシに，アオノリ，アサの実，ケシの実，ゴマ，サンショウ，シソ，ショウガ，チンピ(陳皮，ミカン果皮)，ナタネを嗜好にあわせて混合したもので必ずしも7種類ではない)，**カレー粉**，**五香粉**(ウーシャンフェン：クローブ，シナモン，スターアニス，チュウゴクサンショウ，チンピ，フェンネルを嗜好に合わせて混合したもので必ずしも5種類ではない)などのように混合香辛料として独特の組み合わせで用いられるものがある．

また，**オールスパイス**は，クローブとシナモンとナツメグを合わせたような香気をもつことがこの名前の由来であるが，クローブと同じフトモモ科の単一の植物から採れる果実の粉砕物である．

日本では和風のショウガ，サンショウ，ワサビ，ニンニクなどが魚料理に古くから使用されてきた．日本で一般的に使用されている香辛料を，特性で分類すると表17.5のようになる．

表17.4 ハーブとスパイスの分類

ハーブ	和食によく用いられる	カラシナ，サンショウの葉，シソ，タデ，ニラ，ミョウガ，ヨモギ，ワサビの葉
	和食以外によく用いられる	クレソン，コリアンダーの葉(パクチー)，セロリ，バジル，パセリ，ローズマリー，ミント，レモングラス
スパイス	和食によく用いられる	カラシ，ケシノミ，ゴマ，サンショウの実，ショウガ，トウガラシ，ニンニク，ユズ，ワサビの地下茎
	和食以外によく用いられる	カルダモン，クミン，クローブ，コリアンダーの実，コショウ，サフラン，シナモン，スターアニス(ハッカク，ダイウイキョウ)，フェンネル(ウイキョウ)，ターメリック，ナツメグ，パプリカ

表17.5 香辛料の種類と特性
*1 食肉に対する抗酸化性，*2 魚に対する矯臭性，*3 防腐性，*4 魚臭の脱臭効果大

おもな特性	香辛料の種類
芳香性	オールスパイス*1，アニス*2，スターアニス(ダイウイキョウ，ハッカク)，フェンネル(ウイキョウ)*2，バジル，キャラウエー，カルダモン，セロリ，シナモン，クローブ*1，コリアンダー，ディル，ナツメグ，パセリ
辛味性	ショウガ*3，ワサビ，サンショウ*3，マスタード*3，コショウ*3
脱臭性	ガーリック*3，ベイリーフ*4，オニオン*3，オレガノ，ローズマリー*1，セージ*2，タイム*3
着色性	パプリカ(赤色)，ターメリック(黄色)，サフラン(黄色)

> **コショウのいろいろ**
>
> コショウはつる性の植物で，立てた支柱につるをはわせて栽培して果実を収穫する．未熟果実は緑色，完熟果実は赤色である．未熟果実の果皮の緑色を残して短期間乾燥させると青コショウ（グリーンペッパー）に，黒色となるまで長期間乾燥させると黒コショウ（ブラックペッパー）となる．完熟果実をそのまま使うと赤コショウ（レッドペッパー），赤色の果皮を剥皮したものが白コショウ（ホワイトペッパー）となる．
>
>
> 未熟果実（グリーンペッパー，ブラックペッパーの材料）

17.4 嗜好飲料

茶（緑茶，烏龍（ウーロン）茶，紅茶），コーヒー，ココアの三大嗜好飲料のほか，いろいろな飲料がある．昔から各地，各国で習慣的に飲食されてきたもので，近年になって，機能性の面から注目されているものも多い．酒類については，15.4 節に記述した．

A. 茶

緑茶，ウーロン茶，紅茶の原料はいずれもツバキ科の植物の葉（*Camellia sinensis*）で，世界で栽培されているのは中国種とインド・アッサム種の2種類である（図17.6）．現在では東アジアからトルコ，黒海沿岸，アフリカ，南米の世界各地で栽培されている．カフェインは，玉露に3.5%，煎茶に2.3%，烏龍茶に2.4%，紅茶に2.9%含まれる．カテキン類は10〜13%含まれる．紅茶はテアフラビン（カテキンの二量体，橙色）やテアルビジン（カテキンの重合体，赤色）を含む．緑茶の乾燥葉はビタミンCを60〜260 mg/100 g含むが，発酵茶はほとんどビタミンCを含まない．茶の製造法による分類を図17.7に示す．

(1) 不発酵茶（緑茶） 主生産国は日本と中国である．緑茶は摘みとった若葉中の**酸化酵素（ポリフェノールオキシダーゼ）**を加熱操作により失活させる．茶葉は，緑色を保つことができる．さらに乾燥して製造する．加熱の方法は，釜でいる中国式と，1738年（江戸時代）永谷宗円が開発した蒸気で蒸す方法がある．緑茶中にはカテキン類の一種**エピガロカテキンガレート**（EGCg）が多く含まれ，抗酸化作用，コレステロールを低下させるなどの機能性があるとされている．

図17.6 生の茶葉から製造されるさまざまな茶
すべて同じ木から摘んだ葉であるが，製法により異なる茶葉となる．

図17.7 製造法による茶の分類

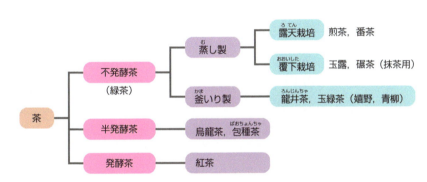

煎茶：摘みとった生葉を速やかに蒸気で30秒前後加熱し，冷却する．次に加熱しながら粗揉，揉捻，中揉，精揉の順に揉む操作を約3時間行う．この工程により茶葉の細胞が壊れ，飲茶のとき茶成分の抽出が容易になる．さらに加熱乾燥させ水分が6〜7%の荒茶とする．これを市場に流通させ，問屋で各産地の緑茶を刻んだりブレンドして再び加熱乾燥(二次乾燥，再生ともいう)，水分を3〜5%とし香りと保蔵性とをよくする．

番茶：新茶を摘んだ後の6〜9月ころに摘まれる二番茶や三番茶を，蒸して加熱乾燥したもの．

玉露：よし簀やこもや藁で覆った茶園(覆下園)の茶葉を用いたもので，高級緑茶の栽培法とされている．アミノ酸のテアニンや緑色のクロロフィル，覚醒作用のあるカフェインなどが増え，うま味が増加する．葉を摘んだ後，煎茶に類似の方法で製茶する．

碾茶(抹茶)：碾茶は玉露とほぼ同じように栽培し，揉捻せずに乾燥したもの．抹茶は，碾茶の葉柄，葉脈を除いて葉肉を臼でひき，約5 μmの微粉にしたもの．

抹茶は空気と湿気との接触面積が大きいことから変質しやすいため，なるべく早く飲用することが望ましい．茶道で抹茶は濃い緑色の濃茶と，青緑色の薄茶がある．濃茶は薄茶の2倍の抹茶を使うため，濃茶用の碾茶は，薄茶用と比較してカテキン類がより少なくて苦味が少ないものが使われ，生産量が少ないため高価である．

(2) 半発酵茶（烏龍茶，包種茶（ぱおちょん）など）　**烏龍茶**は摘みとった生葉を日光に約20分間あて萎凋（いちょう）させる．日陰に移してときどき撹拌し葉が少し褐色になり，芳香が出るまで酸化酵素を利用してやや発酵させるが，途中で釜いり法で加熱し発酵を停止させる．中国の福建省，広東省や台湾が主生産地である．包種茶は烏龍茶とほぼ同じように製造するが，萎凋，発酵ともごく弱いものである．

(3) 発酵茶（紅茶）　生葉を日陰で十分萎凋させ，その後揉捻機にかけて葉を発酵室（25℃，湿度90%）で1～2時間発酵させ，適当な色と芳香が得られたら乾燥し，水分約5%で製品とする．主生産国はインドとスリランカである．

B. コーヒー

エチオピア原産のアカネ科コーヒー属の果実の種子が**コーヒー豆**である（図17.8）．これのいり豆を砕き煎じて飲む習慣はアラビアやトルコ（16世紀）に伝わった．現在ではアフリカ，アラビア，ジャワ，中南米で栽培されている．コーヒー樹の赤く熟した実から種子を取り出し乾燥させる．乾燥した生豆は選別し，そののち200～250℃，15～20分間焙煎（ばいせん）して製品とする．コーヒーには覚醒・利尿作用があるカフェインや，ポリフェノールおよび有機酸の性質のあるクロロゲン酸が多く含まれる．

インスタントコーヒーは通常のコーヒーと同様に抽出処理して得た液を濃縮し，これを噴霧乾燥または，凍結乾燥したものである．

C. ココア

中南米，西インド諸島原産のアオギリ科のカカオ樹の種子（**カカオ豆**）で，コロンブスによりヨーロッパにもたらされた（図17.9）．現在ではガーナ，ナイジェリア，

図17.8　コーヒー豆の果実と種子

図 17.9 カカオ豆の果実と種子

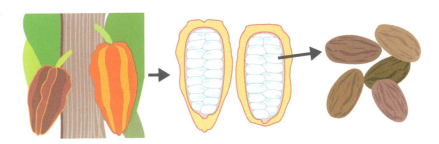

ブラジルでも栽培されている．種子を発酵させ水洗乾燥し130℃で焙煎し，粉砕，精選，子葉（ニブ）を得る．これに炭酸カリウムを加えて苦みや酸味を取り除く．乾燥，磨砕後，圧縮機でココアバターの一部を除く．

脂肪含量22％以上のものをピュアココア，11〜21％のものを中脂肪ココア，10％以下のものを低脂肪ココアといい，普通にはピュアココアと中脂肪ココアを家庭で使用する．茶やコーヒーに比べ脂肪が多く含まれ，その脂肪にはおもにパルミチン酸，ステアリン酸，オレイン酸，リノール酸が含まれる．覚醒作用のあるテオブロミン約1.7％とカフェイン約0.2％が含まれる．ビタミンもA，B_1，B_2，ナイアシンを含む．

17.5 清涼飲料

清涼飲料は国際的に統一された定義はなく，各国でさまざまである．日本では，乳と乳製品を除くアルコール分が1％未満のすべての飲料が清涼飲料であり，食品衛生法では容器に入ったものであることが規定されている．清涼飲料と粉末清涼飲料の規格基準がある．しかし一般的には乳酸菌飲料や店舗で販売されるソフトドリンクも清涼飲料の一種として扱われている．

A. 飲料水（ミネラルウォーター類）

自然水などを容器に詰めたもので，日本では水道水の品質低下やペットボトルの普及により，各種ミネラルウォーターが市販されるようになった．**ナチュラルウォーター**は，特定の水源から採取した地下水であり，これに無機塩類を添加したものが**ミネラルウォーター**である．日本の水源は無機塩類が比較的多く含まれるため，ほとんどが**ナチュラルミネラルウォーター**（ナチュラルウォーターのうち地中でミネラル分が溶解した地下水）として分類されている．

B. 炭酸飲料

炭酸ガスを圧入した水あるいは飲料であり爽快感を与える．味付けしていない炭酸水であるプレーンソーダと味付けしているフレーバー系炭酸飲料に分けられる．プレーンソーダはそのまま飲用されたり，酒類や果汁のソーダ割りとして利用されたりする．フレーバー系炭酸飲料にはコーラ炭酸飲料，果汁入り炭酸飲料，栄養ドリンク炭酸飲料などがある．

C. 果実飲料

果汁を原材料にした**果実飲料**であり，果実ジュース（1種類の果実の果汁100%のもの），果実ミックスジュース（複数の果実の果汁で100%のもの），果粒入り果実ジュース（果肉を含んだ果汁100%のもの），果実・野菜ミックスジュース（果汁と野菜のしぼり汁で100%のもので，果汁50%を超えるもの），果汁入り飲料（果汁10%以上100%未満），その他直接飲料（果汁10%未満のもの）などがある．原材料には多種の果実が使用され，果実の風味や酸味による清涼感がある．実際の用途は飲料ではないが，かき氷用シロップやカクテル用シロップも果実飲料に分類される．

D. 野菜飲料

おもにトマトジュース，トマト果汁飲料，トマトミックスジュース，ニンジンジュース，ニンジンミックスジュース，野菜・果汁ミックスジュースに分類される．

トマトジュースはトマトのしぼり汁100%のもの，トマト果汁飲料は50%以上100%未満のものである．トマトミックスジュースはトマトのしぼり汁に他の野菜や食塩や調味料を加えたものである．ニンジンジュースとニンジンミックスジュースもトマトの場合と同様である．野菜・果汁ミックスジュースは野菜のしぼり汁と果汁を混合したもので，野菜のしぼり汁の量が果汁よりも多いもの（野菜のしぼり汁50%を超えるもの）である．

E. コーヒー飲料

コーヒー，コーヒー飲料，コーヒー入り清涼飲料に3分類されている．飲料100 g中に生豆の重量換算でコーヒー豆5 g以上を使用している場合に「コーヒー」ということができる．コーヒー飲料は同様にコーヒー豆を2.5 g以上5 g未満使用した場合，コーヒー入り清涼飲料は1 g以上2.5 g未満使用した場合に呼ぶことができる．

F. 茶系飲料

　日本では1980年代半ばから市場に多く出回り始めた．烏龍茶飲料，紅茶飲料，緑茶飲料，麦茶飲料（六条大麦），ブレンド茶飲料，その他茶飲料に分類される．緑茶飲料には緑茶に砂糖を加えたものは除き，麦茶飲料からはハト麦茶は除かれている．ブレンド茶飲料は日本では1993年から市場に出回り始めた．その他茶飲料にはハト麦茶，ジャスミン茶，玄米茶などが分類されている．

G. 豆乳飲料

　おもに豆乳，調製豆乳，豆乳飲料に3分類される．いずれも大豆固形分の量により分類され，大豆固形分が8%以上のものが豆乳，6%以上のものが調製豆乳，2%以上のものが豆乳飲料である．

H. スポーツ飲料

　日本では1980年代初頭から市場に出回り始めた．ブドウ糖や各種無機塩類が添加され，血液と同等の浸透圧に調整されており，水のみのときよりも水分，無機塩類の吸収率と吸収速度を高めた飲料である．

I. 保健飲料

　各種ビタミン類，糖類などが添加されているものをはじめ，食物繊維やアミノ酸などの補完を目的にしたものなど用途が多様化している．「医薬品，医療機器等の品質，有効性及び安全性の確保等に関する法律」（旧薬事法）で規定されるドリンク剤と組成は類似しているが，保健飲料は清涼飲料に分類されている．

J. その他の清涼飲料

　その他の清涼飲料としてココア飲料，ドリンクスープ，ぜんざいドリンク，汁粉ドリンク，甘酒などがある．

演習17-1　砂糖の分類と製造法や成分の違いについて述べよ．
演習17-2　砂糖やデンプン由来以外の甘味料について述べよ．
演習17-3　茶の種類と製造法の違いについて述べよ．

参考書

- 食品工学　日本食品工学会編，朝倉書店，2012
- 食品加工学―加工貯蔵の理論と実際―(第2版)　五明紀春ほか著，学文社，1997
- おいしさの科学事典　山野善正編，朝倉書店，2003
- 日本食品大事典 第3版　平宏和編，医歯薬出版，2013
- 新・櫻井 総合食品事典　荒井綜一ほか編，同文書院，2012
- 現代の食品化学 第2版　並木満夫ほか編，三共出版，1992
- 新しい食品化学　川岸舜朗ほか編著，三共出版，2000
- 食品表示法ガイドブック　森田満樹編著，ぎょうせい，2016
- HACCP管理者認定テキスト　日本食品保蔵科学会HACCP管理者認定委員会編，建帛社，2015
- 食品の変敗微生物　内藤茂三著，幸書房，2016
- フードプロテオミクス　井上國世監修，シーエムシー出版，2009
- 食べ物と健康，食品と衛生 食品学総論 第3版　辻英明ほか編，講談社，2016
- 食べ物と健康，食品と衛生 食品学各論 第3版　小西洋太郎ほか編，講談社，2016
- 改訂増補でん粉製品の知識　改訂編者高橋幸資，原著者高橋禮治，幸書房，2016
- 畜産物利用学　齋藤忠夫ほか編，文永堂出版，2011
- 最新畜産ハンドブック　扇元敬司ほか編著，講談社，2014
- 乳の科学　上野川修一編，朝倉書店，2015
- 乳肉卵の機能と利用　阿久澤良造ほか著，アイ・ケイコーポレーション，2005
- 全国水産加工品総覧　福田裕ほか監修，光琳，2005
- 水産大百科事典　水産総合研究センター編，朝倉書店，2012
- 干物の機能と科学　滝口明秀ほか編，朝倉書店，2014
- 果実の機能と科学　伊藤三郎編，朝倉書店，2011
- 新版油脂製品の知識　安田耕作ほか著，幸書房，1993
- 食べもの通信　家庭栄養研究会編，食べもの通信社，2012
- 新版缶・びん詰，レトルト食品，飲料製造講義　総論編，各論編　日本缶詰びん詰レトルト食品協会，2002

食べ物と健康，食品と衛生 食品加工・保蔵学 索引

A_w(water activity, 水分活性) 6
CA 貯蔵(ガス貯蔵)(controlled atmosphere storage) 9, 23
CODEX(CODEX) 70
DE 値(dextrose equivalent) 176
DI 缶(drawing and ironing can) 57
HACCP(Hazard Analysis and Critical Control Point) 68, 82
HTF 缶(high tin fillet can) 57
JAS 規格(Japanese Agricultural Standard) 68
K コート(K coat) 59
LL 牛乳(long life milk) 61, 118
PET ボトル(polyethylene terephthalate bottle) 60
pH(hydrogen ion exponent, 水素イオン指数) 8, 22
Q_{10}(temperature quotient, temperature coefficient) 9
SPG 膜(shirasu porous glass membrane) 41
SSOP(sanitation standard operation procedures, 衛生標準作業手順) 84
TFS 缶(tin free steel can) 58
UHT 法(ultra high temperature) 118

あ

アイオノマー(ionomer) 60
アイスクリーム(ice cream) 123
赤肉(red meat) 112
アクチン(actin) 135
アクトミオシン(actomyosin) 135
足(elasticity) 135
アジ(horse mackerel) 130
アズキ(azuki bean) 101
アスコルビン酸(ascorbic acid) 12
アスタキサンチン(astaxanthin) 47
圧搾法(expeller pressing) 141
圧縮(pressing) 31
油，脂(oil or fat) 141
油揚げ(abura-age, deep-fried tofu) 101
油やけ(rusting of oil) 21
アミノカルボニル反応(amino-carbonyl reaction) 10
アルカリ処理(alkaline treatment) 35
アルカリの利用(alkaline treatment) 22
アルギン酸(alginic acid) 140
アルギン酸ナトリウム(sodium alginate) 140
アルコール飲料(alcohol beverage) 152
アルファ化米(pregelatinized rice) 96, 173
アルミニウム缶(aluminum can) 57, 163

アレルギー物質(allergen) 72
あん(bean jam) 101
イオン交換膜電気透析法(ion exchange membrane electroosmosis) 179
イカ(squid) 128
いかくん(smoked squid) 133
活けしめ(ikejime) 53
イージーオープンエンド(easy open ends) 164
異性化糖(isomerized sugar, high fructose corn syrup) 177
イチゴジャム(strawberry jam) 106
遺伝子組換え食品(genetically modified food) 73
イノシン酸ナトリウム(sodium inosinate) 180
いも類(potatoes) 102
医薬品，医療機器等の品質，有効性及び安全性の確保等に関する法律(the Pharmaceuticals, Medical devices and Other Therapeutic Products Act) 66, 81
色(color) 45
いわしの油漬け缶詰(canned sardines in oil) 137
インジェクション加工肉(injection meat) 116
インスタント食品(instant food) 172
飲料水(drinking water) 185
ウイスキー(whisky) 156
ウィンタリング(wintering) 142
ウニ(sea urchin) 128
旨味だし(soup stock) 131
うま味調味料(umami seasoning) 180
烏龍茶(oolong tea) 184
エイジング(aging) 119
衛生標準作業手順(sanitation standard operation procedures：SSOP) 84
栄養機能食品(food with nutrient function claims) 76
栄養強調表示(nutrient content claims) 76
栄養成分表示(nutritional element labeling) 70, 75
液燻法(liquid smoking) 24
液卵(liquid egg) 126
エクストルーダー(extruder) 39
エクスパンジョンリング(expansion ring) 163
エステル交換(transesterification) 144
エソ(lizardfish) 136
枝肉(carcass) 114
エビ(shrimp, prawn, lobster) 128
エマルション(emulsion) 36
塩化ナトリウム(sodium chloride) 178

遠心分離(centrifugation)	31	寒天(agar-agar)	139
塩蔵(salted food)	22, 25	緩慢凍結(slow freezing)	21
塩蔵品(salted food)	133	甘味料(sweetener)	174
オゴノリ(Ogo-nori)	139	危害分析重要管理点(Hazard Analysis and Critical Control Point：HACCP)	83
オボアルブミン(ovalbumin)	126		
オリーブ油(olive oil)	141	規格・基準(specifications and standards)	66
温燻法(hot smoking)	20, 24	季節(season)	90
温度(temperature)	8	気体透過性(gas permeability)	59
		機能性表示食品(foods with function claims)	79
か		キノコ(mushroom, champignon, pilz)	110
海藻類(seaweed)	139	キモシン(chymosin)	120
カカオ脂(cacao butter)	141	逆浸透法(reverse osmosis)	40
加工食品(processed food)	67	キュアリング(curing)	24
加工乳(processed milk)	117	牛脂(beef tallow)	142
加工油脂(modified oil or fat)	129	急速凍結(quick freezing)	21
加工卵(egg product)	126	牛肉(beef)	111
果実飲料(fruit juice, fruit beverage)	107, 186	牛乳(milk)	117
果実類(fruits)	106	強化米(enriched rice)	96
可食性包材(edible film)	58	凝固(coagulation)	33
ガス遮断性(gas barrier property)	56	強力粉(hard flour)	96
ガス置換包装(gas exchange packaging)	63	虚偽・誇大広告(false and misleading labeling)	80
粕漬け(pickled in sake lees)	134	棘皮動物(Echinodermata)	128
カゼイン(casein)	121	玉露(gyokuro)	183
かつお節(katsuobushi, dried bonito)	132	魚醤(fish sauce)	134
カット野菜(cut vegetable)	105	魚肉ソーセージ(fish sausage)	137
カップリングシュガー(coupling sugar)	177	魚油(fish oil)	143
褐変(アスコルビン酸の)(browning)	12	魚類(fishes)	128
カテキン(catechin)	16, 182	近赤外線(near infrared)	43
カード(curd)	121	金属(metal)	57
カニ(crab)	128	グアニル酸ナトリウム(sodium guanylate)	180
かに風味かまぼこ(crab flavored kamaboko)	137	くさや(kusaya, brine-soaked and dried horse mackerel)	131
加熱(heating)	34		
カビ(fungus, mold)	19, 38, 147	グチ(croaker)	136
カフェイン(caffeine)	182	クラゲ(jellyfish)	128
かまぼこ(kamaboko)	136	グリシニン(glycinin)	100
紙(paper)	56	クリーム(cream)	119
カラギーナン(carrageenan)	140	グルコース(glucose)	176
カラメル化(caramelization)	12	グルコノデルタラクトン(glucono-δ-lactone)	100
カレー粉(curry powder)	181	グルタミン酸ナトリウム(monosodium glutamate)	180
還元(reduction)	35		
甘蔗糖(cane sugar)	174	グルテン(gluten)	45, 96
かん水(brine)	99	くるま糖(soft sugar)	176
乾燥(drying, dehydration)	34	グレージング(glazing)	22
乾燥スープ(dehydrated soups)	173	グレーズ(glaze)	22, 49
乾燥野菜(dried vegetable, dehydrated vegetable)	104	クロロフィル(chlorophyll)	46
乾燥卵(dried egg)	126	燻煙(smoking)	24
缶詰(canned foods)	162	燻製品(smoked products)	133
缶詰(果物の)(canned foods)	108	鶏卵(hens egg, chicken egg)	124
缶詰(水産物の)(canned foods)	137, 165	計量法(Measurement Act)	80
缶詰(農産物の)(canned foods)	165	ケーシング(casing)	58, 114
缶詰(野菜の)(canned foods)	105	結合水(bound water)	6
		ゲル化(gelation)	33

限外濾過(ultrafiltration)	26, 40	さけ缶詰(canned salmon)	137
原材料名(names of raw materials, ingredients)	71	殺菌(sterilization)	34
原産地名(appellation of origin)	71	サツマイモ(sweet potato)	102
高温菌(thermophile bacteria)	19	砂糖(sugar)	174
甲殻類(Crustacea)	128	サラダ油(salad oil)	141
硬化油(hardened oil)	35, 145	ざらめ糖(hard sugar)	175
麹(koji)	153	酸化(oxidation)	35
コウジカビ(koji mold)	38	酸化防止剤(antioxidant)	27
麹菌(Aspergillus oryzae)	153	三元交雑種(triple cross)	113
硬質小麦(hard wheat)	96	酸処理(acid treatment)	35
香辛料(spice)	180	酸素(oxygen)	10, 35
酵素(enzyme)	15, 36	残存酸素濃度(residual oxygen concentration)	64
酵素的褐変(enzymatic browning)	16, 46	酸の利用(acid treatment)	22
酵素的酸化(enzymatic oxidation)	16	サンマ(Pacific saury)	130
紅茶(black tea)	184	塩辛(fermented fish product)	134
腔腸動物(Coelenterata)	128	塩漬け(pickling with salt)	114
酵母(yeast)	19, 38, 96, 147	塩干し(salted drying)	130
高野豆腐(凍り豆腐)(koya-tofu, dried soybean curd)	101	嗜好飲料(beverages)	182
氷砂糖(rock candy sugar, crystal rock candy sugar)	176	脂質(lipid)	13
糊化(gelatinization)	34	自動酸化(脂質の)(autoxidation)	13
国際食品規格委員会(Codex Alimentarius Commission, CAC)	70	篩別(sieving)	31
穀類(cereals)	94	脂肪酸(fatty acid)	141
ココア(cocoa)	184	ジャガイモ(potato)	102
コショウ(pepper)	182	ジャム(jam)	106
コーティング(coating)	57	自由水(free water)	6
コーデックス委員会(Codex Alimentarius Commission, CAC)	70	脂溶性ビタミン(fat soluble vitamin)	15
		醸造酒(fermented liquor)	152
コーヒー(coffee)	184	焼酎(shouchu, white liquor)	154
コーヒー飲料(coffee-based beverages)	186	消費期限(use by date)	73
ゴマ油(sesame oil)	141	消費者庁(Consumer Affairs Agency)	66
小麦(wheat)	96	賞味期限(best before date)	73
米(rice)	94	醤油(soy sauce)	150
米粉(rice flour, rice powder)	95	醤油漬け(pickled with soy sauce)	134
コールドチェーン(cold chain)	51	蒸留(distillation)	31
混合(mixing)	31	蒸留酒(distilled spirit)	152
コーンスターチ(cornstarch)	99	食塩(salt)	178
コンニャクイモ(konjac)	102	食酢(vinegar)	158
混捏(kneading)	31	食品衛生新5S(食品衛生7S)(7S methodology)	84
コンビーフ(corned beef)	116	食品衛生法(Food Sanitation Act)	68
コンブ(kombu)	139	食品添加物/添加物(food additive)	25, 36
コーンフラワー(corn flour)	99	食品表示基準(Food Labeling Standards)	66, 70
コーンフレーク(corn flakes)	99	食品表示法(Food Labeling Act)	66, 70
コーンミール(cornmeal)	99	植物油脂(vegetable oil and fat)	141
		食用精製加工油脂(edible refined and processed oil and fat)	35
さ			
細菌(bacterium)	19, 38, 147	ショ糖(sucrose)	174
最大氷結晶生成帯(zone of maximum ice crystal formation)	21	ショートニング(shortening)	145
		しらす(young sardine)	131
栽培条件(cultivation condition)	91	真空凍結乾燥法(vacuum freeze drying)	34
サケ(salmon)	133	真空包装(vacuum packaging)	63
		浸透圧(osmotic pressure)	25

酢→食酢
水産物(marine products) 128
水素添加(hydrogenation) 143
水中油滴型エマルション(oil-in-water(O/W)type emulsion) 36
水分活性(water activity : A_w) 6
水溶性ビタミン(water soluble vitamin) 15
スキムミルク(skim milk) 123
スケトウダラ(Alaska pollock) 136
酢漬け(pickle, marinade) 23, 134
ストレッカー分解(Strecher degradation) 11
スパイス(spice) 181
スプレードライ(spray drying) 34
素干し(plain dried fish) 130
スポーツ飲料(isotonic drink) 187
すり身(surimi, fish meat paste) 137
坐り(setting) 135
成形肉(restructured steak, reformed meat) 117
生産条件(production condition) 88
清酒(sake) 153
生分解性プラスチック(biodegradative plastic) 64
精米(milled rice) 95
清涼飲料(soft drink) 187
脊索動物(Chordata) 128
節定動物(Arthropoda) 128
切断(cutting) 31
セロハン(cellophane) 57
洗浄(washing) 28
煎茶(sencha, green tea) 183
選別(grading) 28
造粒(granulation) 31
即席麺(instant noodle) 172
ソーセージ(sausage) 114
ソフトさきいか(shredded and dried squid) 138
ソルビトール(sorbitol) 8

た

ダイオキシン(dioxin) 65
大豆(soybean) 99, 149, 159
大豆油(soybean oil) 141
大豆タンパク質(soy protein) 101
耐熱性プラスチック容器(heat durable plastic packaging) 168
脱ガム(degumming) 142
脱酸(neutralization) 142
脱酸素剤(free oxygen absorber, oxygen scavenger) 64
脱臭(deodorization) 142
脱色(bleaching) 142
脱水シート(dehydrating sheet) 35
脱ろう(dewaxing) 142
タピオカ(tapioca) 98

卵製品(processed egg) 124
炭酸飲料(carbonated drink) 186
タンパク質(protein) 12
タンパク質の変性(protein denaturation) 12
タンブリング処理(tumbling process) 117
地域(area) 88
地域HACCP(area HACCP) 86
チーズ(cheese) 120
茶(tea) 182
茶系飲料(tea beverages) 187
チャーニング(churning) 119
中温菌(mesophilic bacteria) 19
中間水分食品(intermediate moisture food) 7
抽出(extraction) 33
中力粉(medium flour) 96
超高圧処理(ultra high-pressure treatment) 42
調味料(seasoning) 174
超臨界ガス抽出(supercritical gas extraction) 33, 42
貯蔵(storage, preservation) 4
チルド食品(chilled food) 20
沈殿(precipitaion) 33
追熟(ripening) 53, 106
通風箱型乾燥法(circulation drying) 34
佃煮(foods boiled in sweetened soy sauce, Tsukudani) 138
漬物(pickle) 105
テアニン(theanine) 183
テアフラビン(theaflavin) 182
低温(low temperature) 19
低温菌(psychrophilic bacteria) 19
低温障害(chilling injury, low temperature injury) 9, 17, 20
ディンプル(dimple) 164
テオブロミン(theobromine) 185
転化糖(invert sugar) 176
添加物(food additive) 68
電気透析(electrodialysis) 32
テングサ(Tengusa, ceylon moss) 139
テンサイ糖(beet sugar) 174
テンダライズ処理(tenderizing treatment) 117
碾茶(tencha) 183
デンプン(starch) 14
デンプン糖(starch sugar) 177
テンペ(tempeh) 159
電離放射線(ionizing radiation) 25
糖アルコール(sugar alcohol) 178
トウガラシ(capsicum) 181
凍結(freezing) 20
凍結温度曲線(freezing curve) 21
凍結乾燥(freeze-drying, lyophilization) 34
凍結濃縮(freeze concentration) 32

凍結粉砕(freeze crushing)	30
凍結変性(freezing denaturation)	21
凍結卵(frozen egg)	126
糖蔵(sugaring)	22, 25
等電点沈殿(isoelectric precipitation)	33
糖度(sugar content)	165
豆乳(soybean milk)	100
豆乳飲料(soy milk beverage)	187
豆腐(tofu, soybean curd)	100
動物油脂(animal fat)	142
トウモロコシ(corn)	99
特定保健用食品(food for specified health uses)	78
特別用途食品(food for special dietary uses)	77
ところてん(Tokoroten, gelidium jelly)	139
トマト(tomato)	104
トマトケチャップ(tomato ketchup)	104
トマトジュース(tomato juice)	104
トマトソース(tomato sauce)	104
トマトピューレー(tomato puree)	104
トマトペースト(tomato paste)	104
ドライフルーツ(dried fruit)	109
ドラム乾燥法(drum drying)	34
トランスグルタミナーゼ(transglutaminase)	135
ドリップ(drip)	21, 130
鶏肉(chicken)	113
ドレッシング(dressing)	145
豚脂(lard)	143
トンネル式乾燥法(tunnel drying)	34

な

ナイロン(nylon)	60
ナタデココ(nata de coco)	158
なたね油(rapeseed oil)	141
納豆(natto)	159
ナマコ(sea cucumber)	128
なれずし(narezushi)	134
軟質小麦(soft wheat)	96
軟体動物(Mollusca)	128
苦り(bittern)	179
肉製品(meat products)	111
二重巻締(double seam)	162
煮干し(boiled-dried product)	131
日本工業規格(Japanese Industrial Standard：JIS)	54
日本農林規格(Japanese Agricultural Standard：JAS)	68
日本農林規格等に関する法律(Act on Japanese Agricultural Standards)	68
乳飲料(milk beverage)	117
乳化(emulsification)	36, 41
乳酸菌(lactic acid bacteria)	119
乳酸菌飲料(lactic acid bacteria beverage)	121
乳製品(dairy product)	117
乳等省令(乳及び乳製品の成分規格等に関する省令)(Ministerial Ordinances Concerning Compositional Standards, etc. for Milk and Milk Products)	68, 117
糠漬け(vegetables pickled in rice-bran paste)	134
練り製品(surimi-based product)	135
濃厚食品(thickened food)	173
濃縮(concentration)	31
濃縮乳(condensed milk)	123
農林水産省(Ministry of Agriculture, Forestories and Fisheries)	68
農林物資の規格化等に関する法律→日本農林規格等に関する法律	
のり(purple laver)	137, 139

は

バイオリアクター(bioreactor)	37
麦芽(malt)	155
バクテリオシン(bacteriocin)	27
剥皮(peeling)	30
薄力粉(soft flour)	96
ハサップ(Hazard Analysis and Critical Control Point：HACCP)	68, 82
パーシャルフリージング(partial freezing)	20
バター(butter)	119
バターオイル(butter oil)	120
バターミルク(butter milk)	118
発酵食品(brewed, fermented food)	38, 147
発酵食品(水産物の)(brewed, fermented food)	134
発酵乳(fermented milk)	121
発酵バター(sour cream butter; fermented butter)	119
ハーブ(herb)	181
ハム(ham)	114
パーム油(palm oil)	141
バラ凍結(individual quick freezing：IQF)	21
ハルサメ(harusame, starch noodle)	97
パン(bread)	96
半乾燥食品(semi-dried food)	173
番茶(bancha)	183
半発酵茶(semi-fermented tea)	184
光(light)	10
光増感反応(photosensitization reaction)	10
光分解性プラスチック(optical-degradative plastic)	64
光劣化(photo deterioration, photo degradation)	167
非酵素的褐変(non-enzymatic browning)	10
微生物(microorganism)	7, 17, 19, 38, 147
ビタミン(vitamin)	15, 48
ビタミンC(vitamin C)	10
ピータン(pidan)	35, 127
ピッティング(pitting)	17
ビード(bead)	163

ヒートシール法(heat sealing)	62
ビーフタロー(tallow)	142
ビーフン(rice noodle)	95
ヒューメクタント(humectant)	8
氷温貯蔵(controlled freezing point storage)	20
氷結点(freezing point)	19
開き干し(hirakiboshi：salted and semi-dried split)	130
ヒラメ(olive flounder)	136
ビール(beer)	155
ピロ亜硫酸カリウム(potassium pyrosulfite)	156
瓶詰(bottled food, glassed food)	161, 167
瓶詰(水産物の)(bottled food, glassed food)	137
瓶詰(野菜の)(bottled food, glassed food)	105
ファットスプレッド(fat spread)	145
フィレ(fillet)	129
風味調味料(flavoring seasoning)	180
フォームマット乾燥法(foam mat drying)	34
不使用(free)	76
豚肉(pork)	113
不凍液(antifreeze)	21
ブライン(brine)	21
フラクトオリゴ糖(fructooligosaccharide)	134
プラスチック(plastics)	58
プラスチック包装材料(plastic packaging materials)	58
ブランチング(blanching)	22, 24
ブランデー(brandy)	156
ブリキ缶(tin can)	57, 163
フルクトース(fructose)	177
プレスハム(pressed ham)	115
ブロイラー(broiler)	113
粉砕(crushing, size reduction)	30
粉乳(milk powder)	123
分別油(fractionated oil)	144
粉末スープ(powdered soup)	173
粉末油脂(powdered oil or fat)	146
噴霧乾燥法(spray drying)	34
分離(separation)	31, 40
米粉(rice flour, rice powder)	95
ペクチン(pectin)	106
ベーコン(bacon)	114
ヘスペリジン(hesperidine)	108
ヘット独 Fett	142
変質(spoilage)	6
変敗(rancidity)	6
防かび剤(antifungal agent)	27
放射線(radiation)	25
包装(packaging)	54
ホエイ(whey)	95, 120
保健飲料(health care beverage)	187
保健機能食品(food with health claims)	75
干ガキ(dried persimmon)	109
干しシイタケ(dried shiitake)	110
ポストハーベスト農薬(post harvest application of pesticide)	27
保蔵(food preservation)	4
保存料(preservatives)	25
ホップ(hop)	155
ホヤ(sea squirt, ascidian)	128
ポリエチレン(polyethylene：PE)	59
ポリエチレンテレフタレート(polyethylene terephthalate：PET)	60
ポリ塩化ビニリデン(polyvinylidene chloride：PVDC)	59
ポリ塩化ビニル(polyvinyl chloride：PVC)	59
ポリカーボネート(polycarbonate)	60
ポリスチレン(polystylene：PS)	59
ポリビニルアルコール(polyvinylalcohol：PVA)	60
ポリフェノール(polyphenol)	16
ポリフェノールオキシダーゼ(polyphenol oxidase)	16
ポリプロピレン(polypropylene：PP)	59

ま

前処理(pre-treatment)	28
マーガリン(margarine)	145
膜(membrane)	32, 40
マス(trout, cherry salmon)	133
ますずし(Masu Zushi)	135
マトン(mutton)	113
マーマレード(marmalade)	106
豆類(beans)	99
マヨネーズ(mayonnaise)	126, 145
丸干し(round drying)	131
ミオグロビン(myoglobin)	45
ミオシン(myosin)	135
ミカン缶詰(canned mandarin orange)	108
水飴(glucose syrup, corn syrup)	177
味噌(miso)	149
味噌漬け(pickled with miso)	134
密封(seal)	60
ミネラル(minerals)	48
ミネラルウォーター類(mineral water)	185
みりん(mirin)	157
みりん干し(Mirinboshi)	138
無菌充填包装(aseptic filling)	63
無添加(additive-free)	76
メイラード反応(Maillard reaction)	10
メタカリ(potassium metabisulfite)	156
滅菌(sterilization)	34
メラノイジン(melanoidin)	10
めん類(noodles)	97
モズク(Mozuku)	139
戻り(modori)	135
モノフェノール(monophenol)	16

もろみ(moromi)	154

や

焼干し(yakiboshi)	131
野菜飲料(vegetable juice)	186
野菜類(vegetables)	103
ヤシ油(coconut oil)	141
油脂(oil and fat)	141
湯葉(yuba)	100
溶解(lysis)	33
容器包装リサイクル法(容器包装に係る分別収集及び再商品化の促進等に関する法律)(Act on the Promotion of Sorted Collection and Recycling of Containers and Packaging)	54, 64, 80
羊肉(mutton)	113
ヨーグルト(yogurt)	121

ら, わ

ラウンド(round)	129
ラード(lard)	143
ラミネートフィルム(laminated film)	61
ラミネート包材(laminated packaging materials)	60
ラム(lamb)	113
卵白(albumen, egg white)	124
リコピン(lycopene)	104
リシノアラニン(lysinoalanine)	13
リテーナー成形かまぼこ(kamaboko formed with retainer)	137
リポキシゲナーゼ(lipoxygenase)	16
流通(distribution)	51
流動層乾燥法(fluid bed drying)	34
緑茶(green tea)	182
冷燻法(cold smoking)	24
冷蔵(chilling, cooling)	19
冷蔵(水産物の)(chilling, cooling)	129
冷凍(freezing)	20
冷凍(水産物の)(freezing)	129
冷凍食品(frozen foods)	169
冷凍すり身(frozen fish meat paste)	136
冷凍焼け(freezer burn)	21, 49, 130
冷凍野菜(frozen vegetable)	104
レーズン(raisin)	109
劣化(deterioration)	6
レトルト食品(retort pouched food)	161, 168
レトルトパウチ(retort pouch)	61
練乳(condensed milk)	123
レンネット(rennet)	120
老化(retrogradation)	14
老化デンプン(retrograded starch)	14
濾過(filtration)	32
濾過助剤(filter aid)	32
ロングエッグ(egg roll)	127
ワイン(wine)	156
ワカメ(Wakame)	139
ワーキング(working)	119

編者紹介

海老原　清（えびはら　きよし）
　1973年　名古屋大学農学部農芸化学科卒業
　現　在　愛媛大学 名誉教授

渡邊　浩幸（わたなべ　ひろゆき）
　1982年　岩手大学農学部農芸化学科卒業
　現　在　高知県立大学健康栄養学部 教授

竹内　弘幸（たけうち　ひろゆき）
　1987年　静岡大学農学部農芸化学科卒業
　現　在　富山短期大学食物栄養学科 教授

NDC 588　207 p　26 cm

栄養科学シリーズNEXT
食べ物と健康，食品と衛生　食品加工・保蔵学
　2017年7月21日　第1刷発行
　2024年8月22日　第11刷発行

編　者　海老原　清・渡邊浩幸・竹内弘幸
発行者　森田浩章
発行所　株式会社　講談社
　〒112-8001　東京都文京区音羽2-12-21
　　　　販　売　(03)5395-4415
　　　　業　務　(03)5395-3615

KODANSHA

編　集　株式会社　講談社サイエンティフィク
　　代表　堀越俊一
　〒162-0825　東京都新宿区神楽坂2-14　ノービィビル
　　　　編　集　(03)3235-3701

本文データ制作
カバー印刷　　株式会社双文社印刷
本文・表紙
印刷，製本　　株式会社ＫＰＳプロダクツ

落丁本・乱丁本は，購入書店名を明記のうえ，講談社業務宛にお送りください．送料小社負担にてお取替えします．なお，この本の内容についてのお問い合わせは講談社サイエンティフィク宛にお願いいたします．
定価はカバーに表示してあります．

© K. Ebihara, H. Watanabe and H. Takeuchi, 2017

本書のコピー，スキャン，デジタル化等の無断複製は著作権法上での例外を除き禁じられています．本書を代行業者等の第三者に依頼してスキャンやデジタル化することはたとえ個人や家庭内の利用でも著作権法違反です．

JCOPY 〈(社)出版者著作権管理機構委託出版物〉

複写される場合は，その都度事前に(社)出版者著作権管理機構（電話 03-5244-5088，FAX 03-5244-5089，e-mail：info@jcopy.or.jp）の許諾を得てください．
Printed in Japan

ISBN978-4-06-155395-8